U0246445

实验分析技术图解

——肥料

姚一萍 狄彩霞 李秀萍 主编

SHIYAN FENXI
JISHU TUJIE
FEILIAO

中国农业出版社
北 京

编委名单

主　编：姚一萍　狄彩霞　李秀萍

副主编：赵　举　史　培　栗艳芳　李宝贺　任　超
尹　鑫　徐林波　张福金　康爱国　冯　晨

参　编：高天云　张三粉　王丽芳　胡小凤　殷国梅
李　彬　景宇鹏　莎　娜　张昕欣　连海飞
杨永青　骆　洪　臧博宁　王晓丽　杨高鹏
李国银　张　颖　刘广华　崔　艳　宋　洁
郝晓平　张　英　闫海霞　冯建军　庞红岩
赵　娜　张智勇　王　岩　曹　彦　孙东显
吕福虎　聂　晶　辛庆强　许洪滔　王亚萍

内容提要

本书系统介绍了肥料的基础知识，涵盖肥料名称、商标、规格、养分含量标注及试样制备等内容，并以彩图方式介绍复混肥、有机－无机复混肥、有机肥等肥料中氮、磷、钾、有机质、重金属等物质的测试方法及关键步骤，图解清晰，易于上手操作。编者多年从事肥料化验分析相关工作，将丰富实验经验及注意事项进行总结撰写。本书是一本技术性较强的工具书，为准确进行肥料测定奠定扎实基本功底。

本书内容翔实，图文并茂，适合高等院校、肥料生产企业、检测机构等部门试验操作、教学参考，也可作为提高基层分析检测人员、相关科研人员及肥料企业等肥料化验操作能力技术培训丛书。

前言

肥料是指通过提供一种或一种以上植物必需的营养元素，从而增加作物产量、改善土壤性质、提高土壤肥力水平的一类物质，是农业生产的物质基础之一。肥料对农作物增产至关重要，我国肥料市场大多为含量以氮、磷、钾为主的水溶肥、复混肥、有机肥及生物肥料等，满足高等植物所必需的碳、氢、氧、氮、磷、钾、钙、镁等营养元素，直接或间接供给作物养分，在农业生产发展中起着关键作用。肥料生产企业经常需要对肥料进行检测，肥料检测机构作为质量安全检测机构，需通过由国家认证认可监督管理委员会、全国农业技术推广服务中心组织、举办的肥料中养分检测能力验证。《实验分析技术图解——肥料》精选肥料试验分析过程，配上对应的彩图，展示了操作中的关键步骤，加强对读者感官的冲击，同时将化验人员多年丰富试验经验进行凝练总结，以期加深操作者对实验关键点的掌握并进行准确操作，是一本提高基层分析检测人员、相关科研人员化验操作能力，加强本科高等院校农业资源与环境、植物营养学学科基础实验操作技能的教学参考技术丛书。

全书共7章，内容包括肥料基础知识，水溶肥、有机肥、有机无机复混肥等肥料中氮、磷、钾、有机质、重金属等的指标分析，其中水溶肥、有机－无机复混肥、有机肥等章节个别操作相同，图片可互相参照。尿素、氯化钾、磷酸一铵、磷酸二铵等常见分析实验与所选实验重复性较高未列入本书，可参考本书相关操作。本书每章节均简明扼要地阐述分析方法的基本原理，对关键步骤进行图示展示，侧重实验注意事项进行总结，如第3章中3.2复混肥料中有效磷含量的测定，对肥料样品称样量、喹钼柠酮的配置、保存方法及使用注意事项详细总结，对准确操作实验有一定参考意义；书中对肥料消解、滴定颜色的颜色变色点进行一步步图片展示，清晰明了。本书内容编排上尽量做到简明扼要、重点突出，注意知识的准确性、实用性，特点可以总结为：

（1）凝聚了化验工作者多年工作的总结经验，方法原理、分析技术比较成熟，结果稳定可靠。

（2）操作过程清晰明了，更直观了解试验。

（3）可满足生产和科研实际工作所要求的准确度和精密度。适合不同层次化验室，有广泛的适应能力，便于普及和推广。

全书由姚一萍、狄彩霞、李秀萍主编及副主编赵举、史培、栗艳芳、李宝贺等共同进行整理定稿。参加本书各章编写的人员有狄彩霞（前言，第3章3.4、3.5，第4章4.5及第5章5.6、5.7、5.8）、李秀萍（第3章至第6章中第1节、第3节）、栗艳芳（第3章3.6，第4章4.4，第5章5.4、5.5，第6章6.4）、李宝贺（第3章至第6章中的第2节、第7章、第8章）、尹鑫（第2章、第4章4.6）、任超（第1章）。其余参编人员在实物摆拍、分析化验经验总结、注意事项中给予中肯意见，促成实验分析技术图解系列书籍第二册肥料出版，在此谨向所有关心、支持本书的朋友们致以衷心感谢。

限于编者的学识水平，书中可能存在疏漏、谬误以至错误之处，恳请专家和读者批评指正，不胜感激。

编　者

2020年1月

编写说明

1.本书中某些名词和符号含义

（1）水：均指蒸馏水或去离子水（符合GB 6682—1992要求）。例如加水500mL，即加500mL蒸馏水或去离子水。水质常量元素项目分析达到三级要求，中、微量项目分析达到二级水要求。

（2）试剂：均指分析纯（Ⅱ级，AR）试剂。

（3）溶液：均指水溶液。

（4）定容：包括在量器中加水或某溶液准确至标线，并充分摇匀的全部操作。

①使用容量瓶稀释溶液时，吸取一定量液体至容量瓶中，加水，离刻度线还有1～2cm时，改用胶头滴管滴加到视线与凹液面最低处相切，盖塞，翻转摇匀。

②配置药品或标准溶液时，药品在小烧杯内溶解后转移，玻璃棒引流后，距离刻度1～2cm时，改用胶头滴管滴加到视线与凹液面最低处相切，盖塞，翻转摇匀。

（5）空白试验：为校正人、机、料、法、环因素中产生误差的操作而进行的对照试验。它除不加样品外，其余与样品的分析步骤完全相同。

（6）稀释倍数：稀释后的定容体积/吸取原溶液体积。

（7）分取倍数：待测液体总体积/测定时吸取的待测液体积，本书以D表示。

2.本书中称量用“精确至000”来表示准确度。如：“称取1.0g（精确至0.000 1）”系指用1/10 000克感量的天平，称量1g整，准确至小数点后4位，且第四位允许称量差为±1；“称取1.0g（精确至0.01g）”系指用1/100克感量的天平，称量1g整，准确至小数点后2位，且第二位允许称量差为±1。

3.本书针对肥料中分析检测指标，将操作过程及多年化验室工作经验以图片形式进行展示，方法原理和分析技术比较成熟，结果稳定可靠，可满足生产和科研实际工作所要求的准确度和精密度。操作简便、技术和仪器设备条件适合不同层次化验室，有广泛的适应能力，便于普及和推广。

目录

第1章 CHAPTER 1

肥料标识、要求

1.1 肥料标识

肥料是指提供一种或一种以上植物必需的营养元素，改善土壤性质、提高土壤肥力水平的一类物质，是农业生产的物质基础之一。主要包括磷酸铵类肥料、大量元素水溶性肥料、中量元素肥料、生物肥料、有机肥料等。我国化肥产业自1949年开始迅速发展，已成为我国一项重要的农用物资，在农业生产中发挥了重大的作用。肥料存放时，必须防返潮变质、防火避日晒、防挥发损失、防腐蚀毒害。同时，在中华人民共和国境内生产、销售的肥料，必须遵循国家肥料标识制度。

标识制度要求所标注的所有内容必须符合国家法律和法规的规定，并符合相应产品标准的规定。标识的所有内容，必须准确、科学、通俗易懂，不得以错误的、引起误解的、欺骗性的方式描述或介绍肥料，不得以直接或间接暗示性的语言、图形、符号诱导用户将肥料或肥料的某一性质与另一肥料产品混淆，标识的内容需持久地印刷在统一的并形成反差的基底上（图1-1、图1-2）。

图1-1 肥料外包装标识正面注解

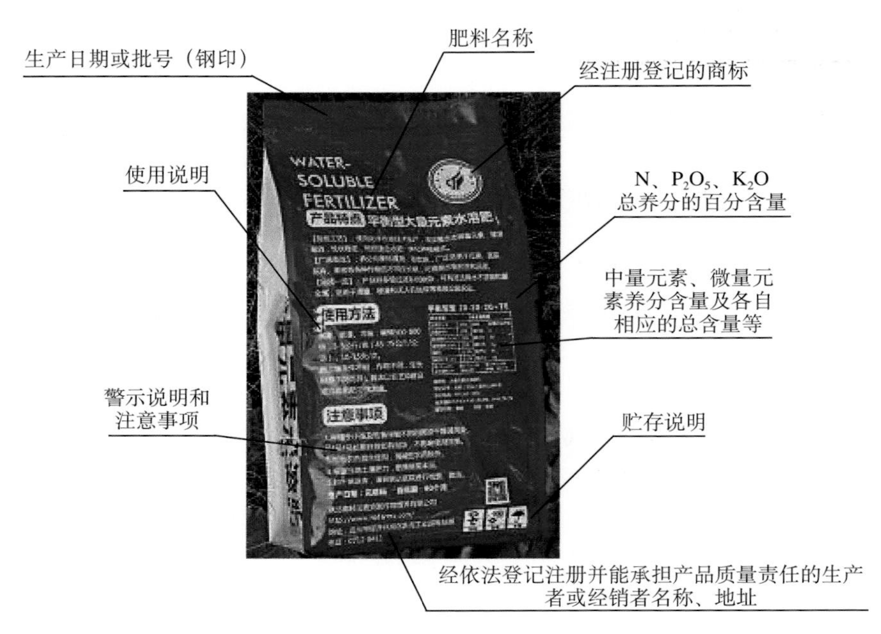

图1-2　肥料外包装标识背面注解

肥料标识是指用于识别肥料产品及其质量、数量、特征和使用方法所做的各种注释的统称。标识可以用文字、符号、图案以及其他说明物等。标识的形式包括外包装标识、合格证、质量证明书、说明书及标签等。肥料标识应含：肥料名称及商标，规格、等级及类型，养分组成，产品标准编号，生产许可证号（适用于实施生产许可证管理的肥料），净含量，生产或经销单位名称，生产或经销单位地址。国家肥料标识制度对标识的内容做了详细规定。

1.2　肥料标识要求

1.2.1　肥料名称及商标

（1）外包装上应标明国家标准、行业标准规定的肥料名称。对商品名称或者特殊用途的肥料名称，可在产品名称下以比名称字体小1号字体予以标注。

（2）国家标准、行业标准对产品名称没有规定的，应使用不会引起用户、消费者误解和混淆的常用名称。

（3）产品名称不允许添加带有不实、夸大性质的词语，如“高效×××”“××肥王”“全元素××肥料”等。

（4）企业可以标注经注册登记的商标。

1.2.2　肥料规格、等级和净含量

（1）肥料产品标准中已规定规格、等级、类别的，应标明相应的规格、等级、类别。若仅标明养分含量，则视为产品质量全项技术指标符合养分含量所

对应的产品等级要求。

（2）肥料产品单件包装上应标明净含量。净含量标注应符合《定量包装商品计量监督规定》的要求。

1.2.3 养分含量

应以单一数值标明养分的含量。

（1）单一肥料

①应标明单一养分的百分含量。

②若加入中量元素、微量元素，可标明中量元素、微量元素（以元素单质计，下同），应按中量元素、微量元素两种类型分别标明各单养分含量及各自相应的总含量，不得将中量元素、微量元素含量与主要养分相加。微量元素含量低于0.02%或（和）中量元素含量低于2%的不得标明。

（2）复混肥料（复合肥料）

①应标明纯氮（N）、五氧化二磷（P_2O_5）、氧化钾（K_2O）总养分的百分含量，总养分标明值应不低于配合式中单养分标明值之和，不得将其他元素或化合物计入总养分。

②应以配合式分别标明总氮、有效五氧化二磷、氧化钾的百分含量，如氮磷钾复混肥料15-15-15。二元肥料应在不含单养分的位置标“0”，如氮钾复混肥料15-0-10。

③若加入中量元素、微量元素，不在包装容器和质量证明书上标明（有国家标准或行业标准规定的除外）。

（3）中量元素肥料

①应分别单独标明各中量元素养分含量及中量元素养分含量之和。含量小于2%的单一中量元素不得标明。

②若加入微量元素，可标明微量元素，应分别标明各微量元素的含量及总含量，不得将微量元素含量与中量元素相加。

（4）微量元素肥料

应分别标出各种微量元素的单一含量及微量元素养分含量之和。

（5）其他肥料参照1.2.3（1）和1.2.3（2）执行。

1.2.4 其他添加含量

（1）若加入其他添加物，可标明其他添加物，应分别标明各添加物的含量及总含量，不得将添加物含量与主要养分相加。

（2）产品标准中规定需要限制并标明的物质或元素等应单独标明。

1.2.5 生产许可证编号

对国家实施生产许可证管理的产品，应标明生产许可证的编号。

1.2.6 生产者或经销者的名称、地址

应标明经依法登记注册并能承担产品质量责任的生产者或经销者名称、地址。

1.2.7 生产日期或批号

应在产品合格证、质量证明书或产品外包装上标明肥料产品的生产日期或批号。

1.2.8 肥料标准

（1）应标明肥料产品所执行的标准编号。

（2）有国家或行业标准的肥料产品，如标明标准中未有规定的其他元素或添加物，应制定企业标准，该企业标准应包括所添加元素或添加物的分析方法，并应同时标明国家标准（或行业标准）和企业标准。

1.2.9 警示说明

运输、贮存、使用过程中的不当操作，易造成财产损坏或危害人体健康和安全，应有警示说明。

1.2.10 其他

一般只需标注以上内容，但法律、法规和规章另有要求的，应符合其规定。生产企业认为必要的，符合国家法律、法规要求的其他标识。

标签（粘贴标签及其他相应标签）：如果容器的尺寸及形状允许，标签的标识区最小应为120mm × 70mm，最小文字高度至少为3mm。

几种主要新型肥料的定义及优势见表1-1。

表1-1 主要新型肥料定义及优势列表

肥 料	定 义	优 势
复混（合）肥	至少有两种养分标明含量的，由化学方法和（或）掺混方法制成的肥料	能同时供应作物多种速效养分，发挥养分间的相互促进作用
有机肥料	农村中就地取材、就地积制的自然有机物肥料的总称。包括粪尿肥类、堆沤肥、秸秆类肥、绿肥类、土杂肥类、饼肥类、海肥类、腐殖酸类肥、农用废弃物类、沼气肥类	有机肥中的维生素、黑腐酸、黄腐酸、棕腐酸，及低分子的有机酸、丁酸等，除直接影响植物营养功能外，还有生理活性和刺激作用，增强呼吸作用，促进根系生长，直接影响土壤环境性状
有机－无机复混肥	含有一定有机肥料的复混肥料	有机、无机肥配合使用能培育地力，提高肥料利用率，改善作物品质
微生物肥料	是以微生物的生命活动导致作物得到特定肥料效应的一种制品	微生物肥料与化肥配合施用，既能保证增产，又能减少化肥使用量，还能改善土壤及作物品质，减少污染
叶面肥	通过作物叶片为作物提供营养物质的肥料	迅速补充营养，充分发挥肥效
缓控释肥料	以各种调控机制使其养分最初释放延缓，延长植物对其有效养分吸收利用的有效期，使其养分按设定释放率和释放期缓慢或控制释放的肥料	在水中的溶解度小，营养元素在土壤中释放缓慢，减少了营养元素的损失；肥效长期、稳定，能源源不断地供给，满足植物在整个生产期对养分的需求

第2章 CHAPTER 2

肥料试样制备方法

2.1 有机肥料样品的制备方法

有机肥无须经过烘干，但按照其产品中的技术指标要求，有机质含量是以干基测算，因此，在测定有机质时，所需的试样必须进行风干处理。除测定有机肥料中的铵态氮或硝态氮时需用新鲜样品以外，其他测定项目均可采用风干样品，在制备样品时，要注意环境条件是否适宜，避免样品失水或吸潮。

2.1.1 堆肥、草塘泥、沤肥等样品的制备

首先将样品送到风干室，进行风干处理，然后把长的植物纤维剪细，肥块捣碎混匀。

2.1.2 人、畜粪尿及沼气肥料的制备

先将样品搅匀，取一部分过3mm孔径试验筛，使固体和液体分离。固体部分称重，液体部分根据分析目的要求进行处理。计算固体和液体部分之间的比例，以便计算肥料的总养分含量。

2.1.3 新鲜绿肥样品的制备

在测定有机肥料的全氮和水解性氮时，必须注意样品在采集后应尽快进行制备，否则会因水分的蒸发和微生物的活动引起养分的损失，特别是高温季节尤为重要，最多不超过24h，否则必须进行冷冻或固定的处理。有机肥料的全磷、钾的测定，可以用风干样品。

2.2 固体肥料预处理方法（四分法）

2.2.1 肥料样品经风干后，混匀倒在光滑平坦的木板、玻璃板或塑料布上并平摊为等厚度的正方形（图2-1）。

2.2.2 在样品上划2条对角线（图2-2），取其中2个对顶角的三角形区域里的样品作为样本，如果样品过多，将取出的样品混匀，重复步骤，直至取出样品重量在100g左右。

2.2.3 四分法后的样品使用粉碎机（图2-3、图2-4）研磨约1min。研磨操作要迅速，避免研磨过程中样品失水或吸湿，并要防止样品过热。

2.2.4 按照实验目的，总养分、有机质、总腐殖酸、氯离子（Cl^-）含量

及重金属测定样品过0.5mm孔径筛（图2-5），其余样品过1.00mm孔径筛（如样品潮湿可过1.00 ~ 2.00mm孔径筛），将筛后的样品混合均匀，置于洁净、干燥的容器中。

图2-1　样品平摊

图2-2　样品四等分

图2-3　粉碎机

图2-4　粉碎机内部构造

图2-5　筛　子

2.3　液体肥料预处理方法

液体肥料由于可能有沉淀聚集在瓶底，故制备样品前需多次摇动，混匀后迅速取出100mL，置于洁净、干燥的容器中。

第3章 CHAPTER 3

复混肥料测定方法

3.1 复混肥料中总氮含量的测定

本方法不适用于含有机物（除尿素、氰氨基化合物）大于7%的复混肥料。

3.1.1 方法原理

在碱性介质中用定氮合金将硝态氮还原，直接蒸馏出氨或在酸性介质中还原硝酸盐成铵盐，在混合催化剂存在下，用浓硫酸消化，将有机态氮或酰胺态氮和氰氨态氮转化为铵盐，从碱性溶液中蒸馏氨。将氨吸收在过量硫酸溶液中，在甲基红－亚甲基蓝混合指示剂存在下，用氢氧化钠（NaOH）标准滴定溶液返滴定。

3.1.2 试剂

本方法中所用试剂、溶液和水，在未注明规格和配制方法时，均应符合HG/T 2843的规定。

（1）硫酸（H_2SO_4）

ρ=1.84g/cm^3，分析纯。

（2）盐酸（HCl）

ρ=1.19g/cm^3，分析纯。

（3）铬粉

细度小于250μm。

（4）定氮合金（Cu50%、Al45%、Zn5%）

细度小于850μm。

（5）硫酸钾（K_2SO_4）

分析纯。

（6）五水硫酸铜（$CuSO_4 \cdot 5H_2O$）

分析纯。

（7）混合催化剂

将100g硫酸钾和5g五水硫酸铜充分混合，并仔细研磨。

（8）氢氧化钠溶液［c(NaOH)=400g/L］

质量－体积浓度，准确称取氢氧化钠（分析纯）40g，溶于100mL水中，不断进行搅拌，操作在通风橱内进行。

(9) 氢氧化钠标准滴定溶液 [c(NaOH)=0.5mol/L]

配制和标定按GB/T 601—2016的规定进行。

(10) 硫酸溶液 [$c(1/2H_2SO_4)$=1mol/L]

量取浓硫酸27.8mL，缓缓加入盛有800mL左右水的烧杯中，不断搅拌，冷却后再加水定容至1 000mL。

(11) 甲基红－亚甲基蓝混合指示剂

称取0.10g甲基红和0.05g亚甲基蓝溶于50mL95%乙醇溶液中。

(12) 广泛pH试纸

3.1.3 仪器

通常实验室用仪器、消化仪器、凯氏定氮仪。

3.1.4 分析步骤

做2份试料的平行测定。

(1) 试样按GB/T 8571规定制备试样。从试样中称取总氮含量不大于235mg，硝酸态氮含量不大于60mg的试料0.5 ~ 2.0g（精确至0.000 2g）于消煮管中。

(2) 试料处理与蒸馏

①仅含铵态氮的试样：于蒸馏管中加入50mL水，摇动使试料溶解，于接收器三角瓶中加入20.00mL硫酸溶液 [3.1.2 (10)]，4 ~ 5滴混合指示剂 [3.1.2 (11)]，并加适量水以保证密封气体出口，将蒸馏管连接在定氮仪装置上，加入20mL氢氧化钠溶液 [3.1.2 (8)]，蒸馏。用pH试纸 [3.1.2 (12)] 检查冷凝管出口的液滴，如无碱性结束蒸馏（图3-1）。

图3-1 蒸 馏

②含硝态氮和铵态氮的试样：于蒸馏管中加入50mL水，摇动使试料溶解，加入定氮合金 [3.1.2 (4)] 3g和防爆沸物，连接于定氮仪上。蒸馏过程除加入20mL氢氧化钠液 [3.1.2 (8)] 后静止10min后再加热外，其余步骤同3.1.4 (2) ①。

③含酰胺态氮、氰氨态氮和铵态氮的试样：将蒸馏管置于通风橱中，小心加入10mL浓硫酸 [3.1.2 (1)]，插上玻璃漏斗，置于消煮炉上，加热至硫酸冒白烟15min后停止，待蒸馏管冷却至室温后取下。蒸馏过程除加入50mL氢氧化钠溶液 [3.1.2 (8)] 外，其余步骤同3.1.4 (2) ①。

④含有机物，酰胺态氮、氰氨态氮和铵态氮的试样：将蒸馏管置于通风橱中，加入一小勺混合催化剂 [3.1.2 (7)]，小心加入10mL浓硫酸 [3.1.2 (1)]，

插上玻璃漏斗，置于消煮炉上加热，如泡沫很多，减少供热强度至泡沫消失，继续加热至硫酸冒白烟60min后或直到溶液透明后停止。待蒸馏管冷却至室温后取下。蒸馏过程除加入50mL氢氧化钠溶液［3.1.2（8）］外，其余步骤同3.1.4（2）①。

⑤含硝态氮、酰胺态氮、氰氨态氮和铵态氮的试样：在通风橱中，于蒸馏管中加入35mL水，摇动使试料溶解，加入铬粉［3.1.2（3）］1.2g，盐酸［3.1.2（2）］7mL，静置5～10min，插上玻璃漏斗。置于消煮炉上，加热至沸腾并泛起泡沫后1min（图3-2），冷却至室温，小心加入20mL浓硫酸［3.1.2（1）］，继续加热至冒硫酸白烟15min后停止（图3-3），待蒸馏管冷却至室温后取下。蒸馏过程除加入80mL氢氧化钠溶液［3.1.2（8）］外，其余步骤同3.1.4（2）①。

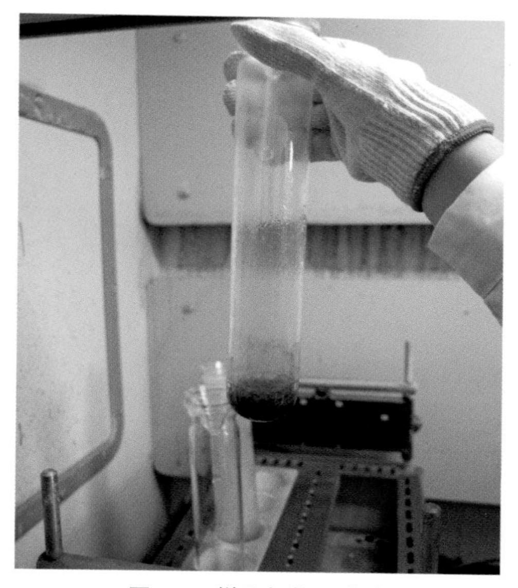

图3-2　样品加热至沸腾

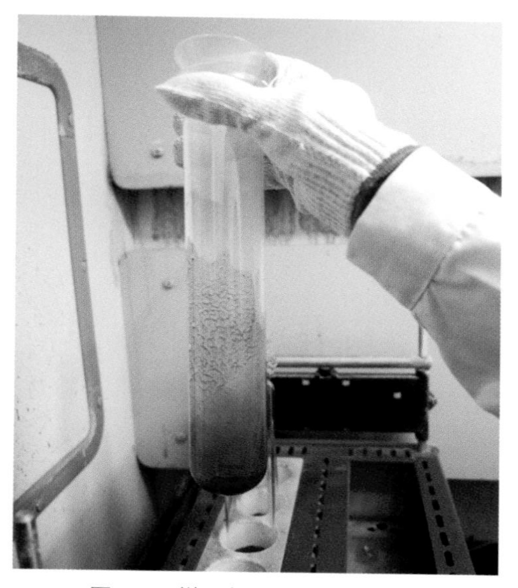

图3-3　样品加热至硫酸冒白烟

⑥含有机物、硝态氮、酰胺态氮、氰氨态氮和铵态氮的试样或未知试样：在通风橱中，于蒸馏管中加入35mL水，摇动使试料溶解，加入铬粉［3.1.2（3）］1.2g，盐酸［3.1.2（2）］7mL，静置5～10min，插上玻璃漏斗。置于消煮炉上，加热至沸腾并泛起泡沫后1min，冷却至室温，加入一小勺混合催化剂［3.1.2（7）］，小心加入20mL浓硫酸［3.1.2（1）］，继续加热，如泡沫很多，减少供热强度至泡沫消失，继续加热至硫酸冒白烟60min后停止。待蒸馏管冷却至室温后取下。蒸馏过程除加入80mL氢氧化钠溶液［3.1.2（8）］外，其余步骤同3.1.4（2）①。

（3）滴定

用氢氧化钠标准滴定溶液［3.1.2（9）］返滴定过量硫酸至混合指示剂呈现灰绿色为终点（图3-4～图3-7）。

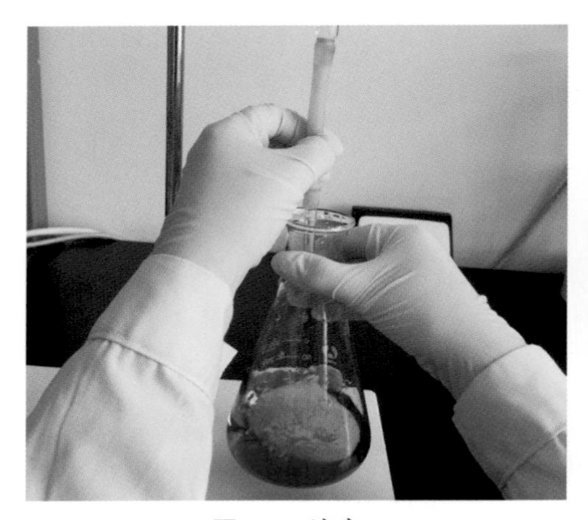
图3-4　滴定1

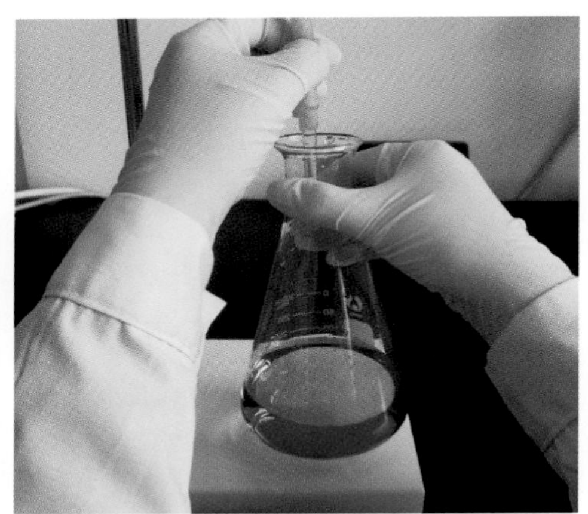
图3-5　滴定2

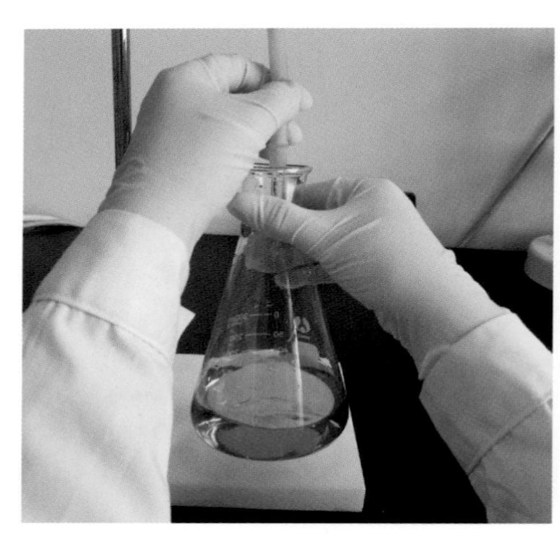
图3-6　滴定3

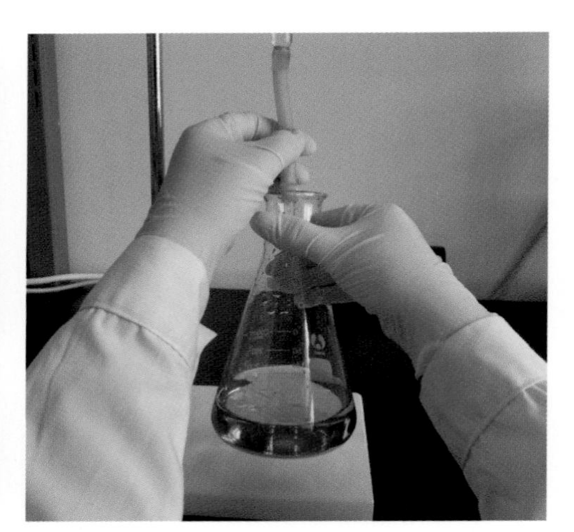
图3-7　滴定4

（4）空白试验

在测定的同时，按同样操作步骤，使用同样的试剂（不含试料）进行空白试验。

3.1.5　结果计算

总氮含量ω，以质量分数（%）表示，按下式计算：

$$\omega = \frac{c \times (V_0 - V_2) \times 0.01401 \times 100}{m} \quad (3\text{-}1)$$

式中：

V_0——空白试验时，使用氢氧化钠标准滴定溶液的体积，单位为mL；

V_2——样品试验时，使用氢氧化钠标准滴定溶液的体积，单位为mL；

c——测定试样及空白试验时，使用的氢氧化钠标准滴定溶液的浓度，单位为mol/L；

0.01401——氮的摩尔质量，单位为g/mmol；

m——试料的质量，单位为g。

计算结果精确到小数点后2位，取平行测定结果的算术平值作为测定结果。

误差要求：

平行测定结果的绝对差值不大于0.30%；不同实验室测定结果的绝对差值不大于0.50%。

3.1.6 注意事项

（1）加入铬粉消煮时，要不断摇动消煮管，以防结块。

（2）样品应避免沾在消煮管颈部，如因颈部不干而沾了试样，应用硫酸或少量水冲入瓶中，否则会产生样品损失导致结果偏低或失误。试验测定中使用混合指示剂可以得到清晰终点。

（3）消煮过程中，应摇动消煮管数次，让试样集中在瓶底与硫酸充分反应。

（4）消煮的温度以硫酸蒸气在瓶颈上部1/3处冷凝回流为宜。加热温度不宜过高，以防铵盐受热分解，导致氮素损失。

（5）有时某些试样消化时会有溶液溅动现象，应控制温度不使反应局部过剧烈。

（6）消化后消煮管内为浓硫酸，应冷却后小心加入水稀释，否则会因水与浓硫酸激烈作用，而使消化溶液冲出，造成损失或失败。

（7）蒸馏加入的40%氢氧化钠量要适宜。量少，不能完全中和浓硫酸，因此不能使氨气（NH_3）蒸出；量过多，反应过剧烈，容易造成氮的损失。加入的量要根据溶液中含硫酸的量来决定（1mL浓硫酸，蒸馏时用5 ~ 6mL的40%氢氧化钠溶液）。

3.2 复混肥料中有效磷含量的测定

3.2.1 方法原理

含磷溶液中的正磷酸根离子，在酸性介质中与喹钼柠酮试剂生成黄色磷钼酸喹啉沉淀，用磷钼酸喹啉重量法测定磷的含量。

3.2.2 试剂

本方法中所用试剂、水和溶液，在未注明规格和配制方法时，均应按HG/T 2843的规定。

（1）乙二胺四乙酸二钠溶液［c(EDTA−2Na)=37.5g/L］

称取37.5g乙二胺四乙酸二钠于1000mL烧杯中，加入少量水溶解，用水稀释至1 000mL，混匀。

（2）喹钼柠酮试剂

溶液A：溶解70g钼酸铵于100mL水中。

溶液B：溶解60g柠檬酸于100mL水中，加85mL硝酸（HNO_3）。

溶液C：在不断搅拌下，将溶液A缓慢加入溶液B中，混匀。

溶液D：取5mL喹啉，溶于35mL硝酸和100mL水的混合液中。

在不断搅拌下，将溶液D缓慢加入溶液C中，混匀后放置暗处过夜后，用滤纸过滤，滤液加入280mL丙酮，用水稀释至1L，摇匀，贮于聚乙烯瓶中，放置暗处，避光避热。

（3）硝酸溶液 [$\rho(HNO_3)=1.42g/cm^3$]

体积分数50%。

3.2.3 仪器

（1）恒温干燥箱

温度（180±2）℃。

（2）玻璃坩埚式滤器

容积为30mL。

（3）恒温水浴振荡器

往复式振荡器或回旋式振荡器，温度（60±2）℃。

3.2.4 分析步骤

（1）实验室样品制备

按GB/T 8571制备供分析用的实验室样品（通称试样）。

（2）试样称量

称取含有100 ～ 200mg五氧化二磷的试样，精确至0.000 1g。

（3）水溶性磷的提取

按3.2.4（2）要求称取试样，置于75mL的瓷蒸发器中，加25mL水研磨，将清液倾注过滤于预先加入5mL硝酸溶液的250mL容量瓶中。继续用水研磨3次，每次用25mL水，然后将水不溶物转移到滤纸上，并用水洗涤水不溶物，待容量瓶中溶液体积在200mL左右为止。最后用水稀释至刻度，混匀，即为溶液E，供测定水溶性磷用。

（4）有效磷的提取

按3.2.4（2）要求，另外称取试样倒入250mL容量瓶中，加入150mL乙二胺四乙酸二钠溶液 [3.2.2（1）]，塞紧瓶塞，摇动容量瓶使试样分散于溶液中，置于（60±2）℃的恒温水浴振荡器 [3.2.3（3）]（图3-8）中，保温振荡1h（振荡频率以容量瓶内试样能自由翻动即可）。然后取出容量瓶，冷却至室温，用水稀释至刻度，混匀。干过滤，弃去

图3-8 有效磷提取

最初部分滤液，即得溶液F，供测定有效磷用。

（5）水溶性磷的测定

用单标线吸管吸取25mL溶液E，移入500mL烧杯中，加入10mL硝酸溶液 [3.2.2（3）]，用水稀释至100mL。在电炉上加热至沸（图3-9），冷却后加入35mL喹钼柠酮试剂 [3.2.2（2）]（图3-10），盖上表面皿，在电热板上微沸1min或置于近沸水浴中保温至沉淀分层（图3-11），取出烧杯，冷却至室温。

用预先在（180±2)℃干燥箱 [3.2.3（1）] 内干燥至恒重的玻璃坩埚式滤器 [3.2.3（2）] 过滤（图3-12），先将上层清液滤完，然后用倾泻法洗涤沉淀1～2次，每次用水约10mL（图3-13），将沉淀移入滤器中，再用水洗涤，所用水共125～150mL，将沉淀连同滤器置于（180±2)℃干燥箱内，待温度达到180℃后，干燥45min，取出移入干燥器内，冷却至室温，称量。

图3-9　加热至沸

图3-10　加入喹钼柠酮试剂

图3-11　生成沉淀

图3-12　过滤装置

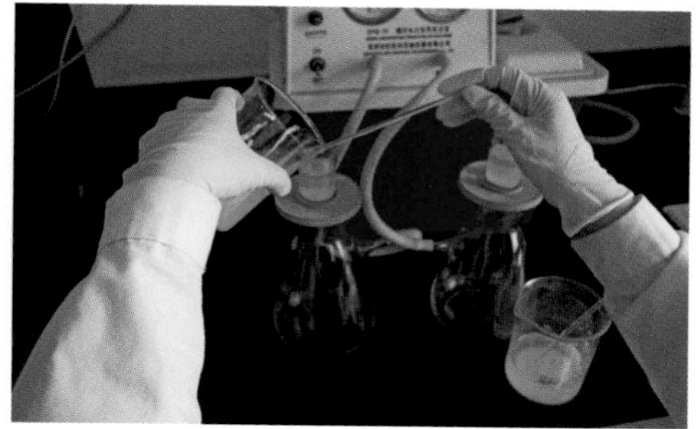

图3-13　倾泻法洗涤沉淀

（6）有效磷的测定

用单标线吸管吸取25mL溶液B，移入500mL烧杯中，加入10mL硝酸溶液 [3.2.2（3）]，用水稀释至100mL。以下操作按3.2.4（5）分析步骤进行。

（7）空白试验

除不加试样外，须与试样测定采用完全相同的试剂、用量和分析步骤，进行平行操作。

3.2.5 结果计算

（1）水溶性磷含量（ω_1）及有效磷含量（ω_2）以五氧化二磷质量分数（%）表示，按下式计算：

$$\omega_1=\frac{(m_1-m_2)\times 0.03207}{(m_A)\times(25/250)} \tag{3-2}$$

$$\omega_2=\frac{(m_3-m_4)\times 0.03207}{(m_B)\times(25/250)} \tag{3-3}$$

式中：

m_1——测定水溶性磷所得磷钼酸喹啉沉淀的质量，单位为g；

m_2——测定水溶性磷时，空白试验所得磷钼酸喹啉沉淀的质量，单位为g；

0.03207——磷钼酸喹啉质量换算为五氧化二磷质量的系数；

m_A——测定水溶性磷时，试料质量，单位为g；

25——吸取试样溶液体积，单位为mL；

250——试样溶液总体积，单位为mL；

m_3——测定有效磷所得磷钼酸喹啉沉淀的质量，单位为g；

m_4——测定有效磷时，空白试验所得磷钼酸喹啉沉淀的质量，单位为g；

m_B——测定有效磷时，试料的质量，单位为g。

计算结果精确到小数点后2位，取平均测定结果的算术平均值为测定结果。

误差要求：

平行测定结果的绝对差值不大于0.20%；不同实验室测定结果的绝对差值不大于0.30%。

（2）水溶性磷占有效磷的百分率（X），数值以%表示，按下式计算：

$$X=\frac{\omega_1}{\omega_2}\times 100 \tag{3-4}$$

计算结果精确到小数点后一位。

3.2.6 注意事项

（1）称样时必须使用1/10 000天平

肥料称样量m计算：假定样品标识五氧化二磷含量为P%，若使称样量中五氧化二磷含量达到方法中Mmg，则肥料称样量为m（g），则$m\times$P%$\times$1 000≈X，则$m\approx M$/P%。

（2）玻璃坩埚的选择及处理

GB/T 8573—2010规定，过滤沉淀使用G4砂芯坩埚。砂芯坩埚孔径的大小决定滤速的快慢，选孔径大的，结果会偏低；孔径小的，结果偏高，且不好过滤。测磷含量用坩埚的处理：浸泡在稀氨水中，沉淀洗净后，用蒸馏水抽滤，洗净待用。新坩埚应先用稀盐酸抽滤1次，再用清水清洗待用。

（3）在配制喹钼柠酮试剂中应正确掌握每种试剂的用量

在配制喹钼柠酮试剂中加入丙酮的主要作用是消除铵离子的干扰，并能改善沉淀物的物理性能，使沉淀的颗粒大、易于过滤洗涤。硅与磷有相似的性质，能与沉淀剂生成硅钼喹啉沉淀而影响测定结果，因此在喹钼柠酮中加入柠檬酸可以防止喹钠水解，消除硅的干扰。而且在含有柠檬酸的试剂中，磷钼酸铵沉淀溶解度比磷钼酸喹啉大，可进一步避免铵盐的干扰。但柠檬酸量要适当，过多会使沉淀不完全；过少，沉淀的物理性能欠佳，喹钼柠酮试剂中所需喹啉不能含有还原剂。鉴定方法：加硝酸后溶液不能发红，如果发红色，则说明有还原剂，不能使用。因此，配制时要严格按照操作规程进行。

（4）喹钼柠酮的保存方法及使用注意事项

喹钼柠酮试剂能腐蚀玻璃，不能放在玻璃瓶中，贮存在聚乙烯瓶中为宜。试剂应存放暗处，大量的试验表明其不宜放入冰箱。试剂至少可以保存1年。在使用前需确定其是否失效，检验方法可用目测法，若溶液由正常的透明淡黄色变为浅蓝色，则说明该溶液因受光照而失效；若变为深黄色则说明受热失效，其中有效成分已降低。

在测定过程中一般加入喹钼柠酮试剂35mL能沉淀五氧化二磷25mg，因而在提取液的吸取过程中，五氧化二磷含量不宜超过20mg，防止沉淀不完全，但又不能过多。加入喹钼柠酮试剂时直接用量桶加入即可，加入时溶液温度80℃左右适宜，试剂加入后温度约为60℃，可以避免温度过低产生物理性能较差的沉淀。

3.3 复混肥料中钾含量的测定

3.3.1 方法原理

在弱碱性溶液中，四苯硼酸钠溶液与试样溶液中的钾离子生成四苯硼酸钾沉淀，将沉淀过滤、干燥及称重。如试样中含有氰氨基化物或有机物时，可先加溴水和活性炭处理。为了防止阳离子干扰，可预先加入适量的乙二胺四乙酸二钠盐，使阳离子与乙二胺四乙酸二钠盐络合。

3.3.2 试剂

本方法中所用试剂、溶液和水，在未注明规格和配制方法时，均应符合HG/T2843的规定。

（1）乙二胺四乙酸二钠盐溶液［c(EDTA−2Na)=40g/L］

分析纯。

（2）氢氧化钠溶液［c(NaOH)=400g/L］

准确称取氢氧化钠（分析纯）40g，溶于100mL水中，不断进行搅拌，操作在通风橱内进行。

（3）氯化镁溶液［$c(MgCl_2 \cdot 6H_2O)=100g/L$］

分析纯。

（4）四苯硼酸钠溶液{$c[(C_6H_5)_4BNa]=15g/L$}

称取15g四苯硼钠溶解于960mL水中，加4mL氢氧化钠溶液［3.3.2（2）］和20mL六水氯化镁溶液［3.3.2（3）］，搅拌15min后定容，静置过夜后过滤。储存于棕色瓶或聚乙烯瓶中，不超过1个月，如浑浊使用滤纸过滤。

（5）四苯硼酸钠洗涤液{$c[(C_6H_5)_4BNa]=1.5g/L$}

将试剂［3.3.2（4）］吸取10mL，转移到100mL容量瓶内，混匀定容。

（6）酚酞乙醇溶液（5g/L）

溶解0.5g酚酞于100mL95%乙醇中。

3.3.3 仪器

玻璃坩埚式滤器（G4号，30mL）、干燥箱［(120±5)℃］。

3.3.4 分析步骤

（1）试样溶液的制备

做2份试料的平行测定。称取含氧化钾约400mg的试样2～5g（称准至0.000 2g），置于250mL锥形瓶中，加水约150mL，加热煮沸30min，冷却，定量转移到250mL容量瓶中，用水稀释至刻度，混匀，过滤，弃去最初的50mL滤液。

（2）试液处理

吸取上述滤液25.00mL，置于200mL烧杯中，加乙二胺四乙酸二钠盐溶液［3.3.2（1）］20mL（含阳离子较多时可加40mL），加2～3滴酚酞［3.3.2（6）］溶液，滴加氢氧化钠溶液［3.3.2（2）］至红色出现时（图3-14、图3-15），再过量1mL，在良好的通风柜内缓慢加热煮沸15min（图3-16），然后放置冷却或用流水冷却至室温，若红色消失，再用氢氧化钠调至红色。

（3）沉淀及过滤

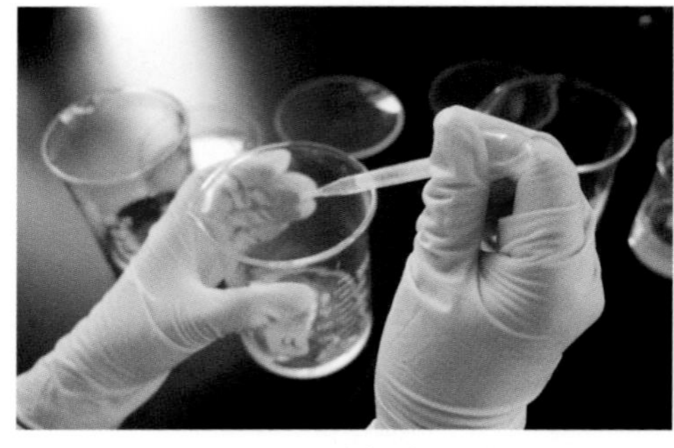

图3-14　滴加指示剂

图3-15　调　色

在不断搅拌下，于试样溶液中逐滴加入四苯硼酸钠［3.3.2（4）］溶液，加入量为每含1mg氧化钾加0.5mL四苯硼钠溶液，并过量约7mL，继续搅拌

（图3-17）1min，静置15min以上（图3-18），用倾滤法将沉淀过滤，于120℃下预先恒重的G4号坩埚式滤器内（图3-19），用四苯硼酸钠洗涤液［3.3.2（5）］洗涤沉淀5～7次，每次用量约5mL，最后用水洗涤2次，每次用量5mL。

图3-16　煮　沸

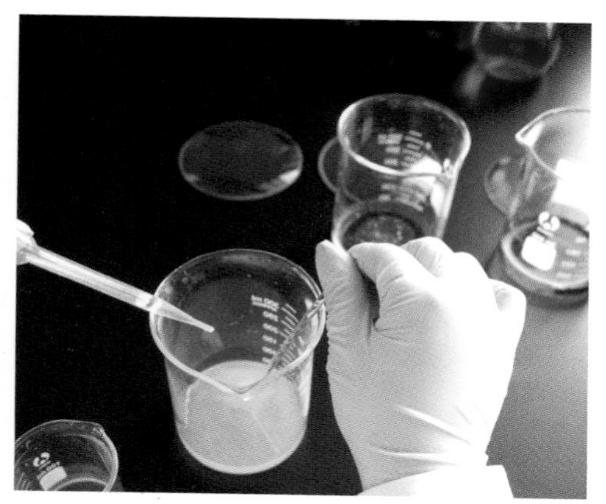

图3-17　搅　拌

图3-18　沉淀后静置

图3-19　沉淀过滤

（4）称重干燥

将盛有沉淀的坩埚置入（120±5）℃干燥箱中，干燥1.5h，然后放在干燥器内冷却，称重。

3.3.5 结果计算

$$\omega=\frac{(m_2-m_1)\times 0.1314}{m_0\times 25/250}\times 100=\frac{(m_2-m_1)\times 131.4}{m_0} \tag{3-5}$$

式中：

m_2——四苯硼酸钾沉淀的质量，单位为g；

m_1——空白试验所得四苯硼酸钾沉淀的质量，单位为g；

0.1314——四苯硼酸钾质量换算为氧化钾质量的系数；

m_0——试料的质量，单位为g；

25——吸取试样溶液体积，单位为mL

250——试样溶液总体积，单位为mL；

计算结果精确到小数点后2位，取平行测定结果的算术平均值作为测定结果。

误差要求：

平行测定结果的相差（表3-1）。

表3-1　钾含量测定允许的差值

钾的质量分数（以K_2O计，%）	平行测定允许差值（%）	不同实验室测定允许差值（%）
<10.0	0.20	0.40
10.0 ～ 20.0	0.30	0.60
>20.0	0.40	0.80

3.3.6　注意事项

（1）称样量应在合适的范围之内，称样量过多会造成沉淀不完全，从而影响结果的可靠性；称样量太少会使溶液中有效养分含量低，降低分析结果的准确性。

称取含氧化钾约400mg的试样2 ～ 5g。假定样品标识氧化钾含量为K%（以下同），计划称样量为m（g），则$m \times K\% \times 1\,000 \approx 400$，则$m \approx 0.4/K\%$。

（2）样品浸提时摇动锥形瓶，使试样充分溶解。

（3）样品提取、定容后，吸出的试液要在碱性环境下反应，滴加氢氧化钠要过量，待红色消失后，再用氢氧化钠溶液调至红色。

（4）四苯硼酸钠溶液必须贮存在棕色瓶或聚乙烯瓶中，一般不超过1个月期限，发现浑浊应过滤。滴加四苯硼酸钠溶液需匀速慢滴，才可与试液中的钾离子充分反应。沉淀剂的用量是由待测养分的含量和称样量的多少来决定的。在重量分析中，要求沉淀的溶解损失最小。在实际操作中，通常利用同离子效应（即加大沉淀剂的用量）和浓度积原理，加入过量的沉淀剂，使被测组分沉淀完全，溶解损失最小。但沉淀剂加入量不宜过多，通常过量20% ～ 30%，否则会因沉淀剂洗涤不完全而影响结果的可靠性，生成可溶性络合物或引起盐效应反而使沉淀的溶解量增加。

（5）加入沉淀剂四苯硼酸钠后，应静置15min以上，但时间不宜过长，否则测定含量偏高。

（6）钾含量测定中沉淀剂用量计算

例：称样量m（g），氧化钾含量K%，定容V（mL），吸取V_1（mL），沉淀1mg氧化钾需沉淀剂的量0.5mL，过量7mL，则被沉淀的氧化钾量（mg）为：$Y=m \times K\% \times 1000 \times V_1/V$；四苯硼酸钠用量为：$R=Y \times 0.5+7$。

（7）有可能出现沉淀不完全的情况，必须通过减少称样量或减少吸取待测液体积重新进行测定，从而保证结果的准确性。

（8）干燥时应注意四苯硼钾在温度高于130℃时会渐渐分解，所以干燥温度要控制在（120±5）℃。

（9）坩埚过滤沉淀时，需持续进入液体，避免抽干影响结果；坩埚洗涤时，若沉淀不易洗去，可用丙酮进一步清洗。

3.4 复混肥料中游离水的测定

3.4.1 方法原理

在一定温度下，试样在填充干燥剂的真空干燥器中减压干燥，失重表示为游离水分。

3.4.2 仪器

电热恒温真空干燥箱（温度控制在（50±2）℃，真空度控制在6.4×10^4～7.1×10^4Pa）；磨口称量瓶（图3-20）（直径50mm，高30mm）。

图3-20 磨口称量瓶

3.4.3 分析步骤

称取样品2g（称准至0.000 2g）（图3-21），置于（50±2）℃、通干燥空气、真空度为6.4×10^4～7.1×10^4Pa的电热恒温真空干燥箱中，干燥2h±10min（图3-22），取出，在干燥器中冷却至室温，称量。

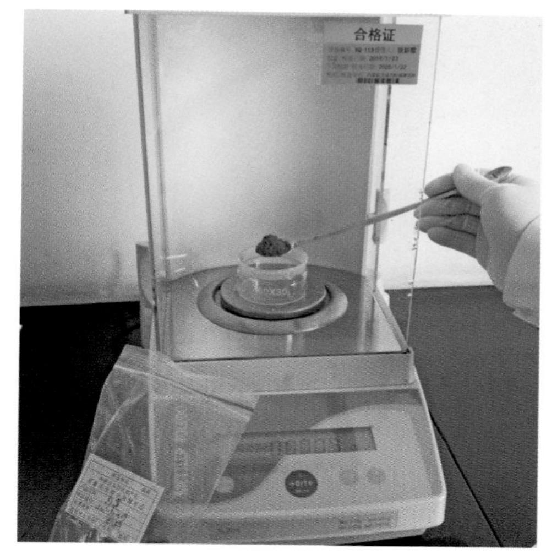

图3-21 称取样品

图3-22 电热恒温真空干燥箱

3.4.4 结果计算

游离水的含量以质量分数ω（%）表示，按下式计算：

$$\omega=\frac{m+m_1-m_2}{m}\times100 \qquad (3\text{-}6)$$

式中：

m_1——空皿的质量，单位为g；

m——干燥前试料的质量，单位为g；

m_2——干燥后试料的质量加空皿数值的质量，单位为g。

计算结果精确到小数点后2位，取平行测定结果的算术平均值作为测定结果。

误差要求：

游离水的误差要求见表3-2。

表3–2 游离水误差要求

游离水的质量分数（ω，%）	绝对差值（%）
$\omega \leq 2.0$	≤0.20
$\omega > 2.0$	≤0.30

3.4.5 注意事项

（1）试验过程中，真空干燥时，加温应控制好时间，加温过长，会导致结果偏高。

（2）真空完毕需及时放入干燥器，防止吸附空气中的水分。

（3）在测定水分过程中，一定要避免机器震动，以保证结果准确性。

（4）测定样品在称量瓶中堆积一定要平整，堆积厚度尽量薄，以利于水分完全蒸发。

（5）戴手套操作，避免汗液沾附在称量瓶上，影响试验准确性。

（6）试验中，注意称量瓶用铅笔标清楚样品号，写在磨砂面上，保证试验顺利进行。

3.5 复混肥料中粒度的测定

3.5.1 方法原理

用一定规格的试验筛，将实验室样品分成不同粒径的颗粒，称量、计算质量分数。

3.5.2 仪器

试验筛（GB/T 6003.1—2012中R40/3系列）：孔径为1.00mm、4.75mm或3.35mm、5.60mm的筛子（图3-23），附盖和底盘。天平：感量为0.5g。振筛机。

3.5.3 分析步骤

根据产品颗粒的大小，将筛子按1.00mm、4.75mm或3.35mm、5.60mm依次叠好装上底盆（图3-24）。称取按GB 15063中规定缩分的实验室样品约200g（精确至0.5g），分别置于4.75mm或5.60mm筛子上，盖上筛盖，置于振筛机上，夹紧筛盖，振荡5min，或进行人工筛分（图3-25）。称量1.00 ~ 4.75mm或3.35 ~

5.60mm的试料（精确至0.5g），夹在筛孔中的试料做不通过此筛处理（图3-26）。

图3-23 试验筛

图3-24 装好试验筛

图3-25 人工筛分

图3-26 夹在筛孔中的试料

3.5.4 结果计算

粒度ω以粒径1.00 ～ 4.75mm或3.35 ～ 5.60mm的试料占全部试料的质量分数计，数值以%表示，按下式计算。

$$\omega=\frac{m_1}{m}\times 100 \tag{3-7}$$

式中：

m_1——1.00 ～ 4.75mm或3.35 ～ 5.60mm的试料质量，单位为g；

m——试料质量的数值，单位为g。

计算结果精确到小数点后1位。

3.5.5 注意事项

（1）试验振荡后，夹在筛孔中的试料按不通过此筛计。

（2）人工震荡应使试验筛做平面回转运动，振幅为25 ～ 50mm，振动频率为120 ～ 180次/min。

3.6 复混肥料中氯离子的测定

3.6.1 方法原理

试料在微酸性溶液中，加入过量的硝酸银溶液，使氯离子转化成为氯化银沉淀，用邻苯二甲酸二丁酯包裹沉淀，以硫酸铁铵为指示剂，用硫氰酸铵标准溶液滴定剩余的硝酸银。

3.6.2 试剂

(1) 硝酸溶液

用密度为1.42g/mL的分析纯硝酸，与水体积比为1 ∶ 1进行配置。

(2) 硝酸银溶液 [$c(AgNO_3)$=0.05mol/L]

称取8.7g硝酸银，溶解于水中，稀释至1 000mL，储存于棕色瓶中。

(3) 氯离子标准溶液 [$c(Cl^-)$=1.0mg/mL]

准确称取1.648 7g，经270 ～ 300℃烘干至质量恒定的基准氯化钠于烧杯中，用水溶解后，移入1 000mL容量瓶中，稀释至刻度，混匀，储存于聚乙烯瓶中。此溶液1mL含1mg氯离子。

(4) 硫酸铁铵指示液{[$c(NH_4)_2SO_4 \cdot Fe_2(SO_4)_3$]=80g/L}

溶解8.0g硫酸铁铵于75mL水中，加几滴硫酸，使棕色消失，稀释至100mL。

(5) 硫氰酸铵标准滴定溶液 [$c(NH_4SCN)$=0.05mol/L]

称取3.8g硫氰酸铵溶解于水中，稀释至1 000mL。

(6) 硫氰酸铵标准溶液标定步骤

准确吸取25.00mL氯离子标准溶液于250mL锥形瓶中，加入5mL硝酸溶液和25.00mL硝酸银溶液（图3-27），摇动至沉淀分层，加入5mL邻苯二甲酸二丁酯，摇动片刻。加水，使溶液总体积约为100mL，加入2mL硫酸铁铵指示剂（图3-28），用硫氰酸铵标准溶液滴定剩余的硝酸银，至出现浅橙红色或浅砖红色为止（图3-29 ～图3-31）。同时进行空白试验。

图3-27 加入沉淀剂

(7) 邻苯二甲酸二丁酯

分析纯。

图3-28 加入指示剂

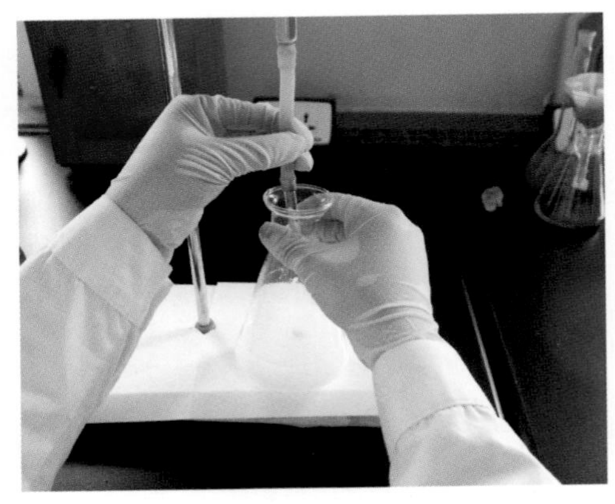

图3-29 滴 定

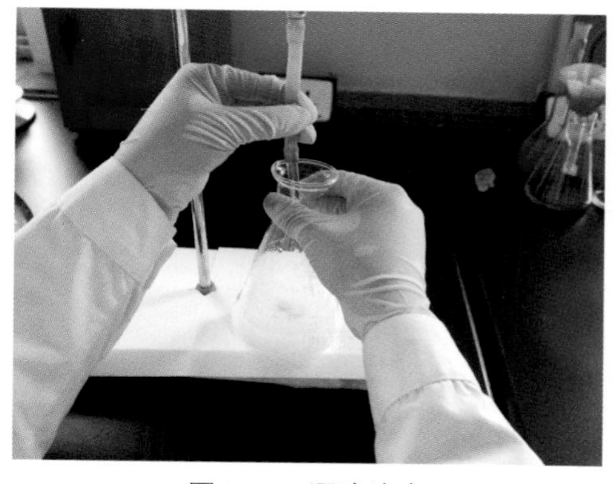

图3-30 逐滴滴定

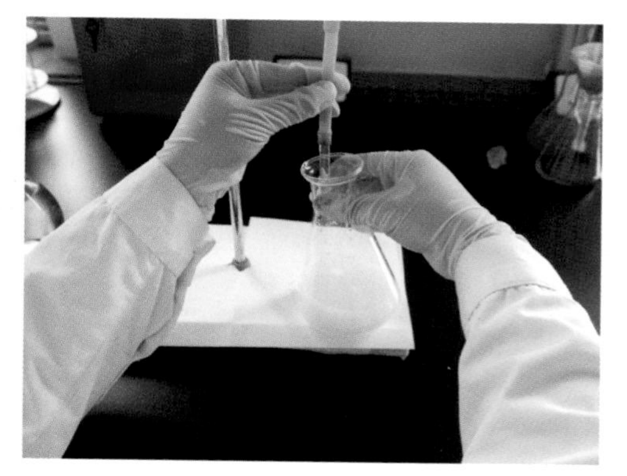

图3-31 滴定终点

硫氰酸铵标准滴定溶液的浓度c(mol/L)按下式计算：

$$c=\frac{m_1}{0.03545\times(V_0-V_1)} \tag{3-8}$$

式中：

V_0——空白试验（25.00mL硝酸银溶液）所消耗的硫氰酸铵标准滴定溶液的体积，单位为mL；

V_1——滴定剩余的硝酸银所消耗硫氰铵标准滴定溶液的体积，单位为mL；

m_1——所取氯离子标准溶液中氯离子的质量，单位为g；

0.03545——氯离子的毫摩尔质量，单位为g/mmol。

计算结果保留4位有效数字。

3.6.3 仪器

实验室常规仪器和设备。

3.6.4 分析步骤

（1）称取试样，取样量与氯离子含量（ω）有关，$\omega<5\%$，称样量5～10g；$5\%<\omega<25\%$，称1～5g，$\omega>25\%$，称样量1g（精确至0.0001g称样量），于250mL三角瓶中，加100mL水，缓慢加热至沸，继续微沸10min（图3-32），冷却至室温，溶液转移到250mL容量瓶中（图3-33），稀释至刻度，混匀。干过滤，弃去最初的部分滤液（图3-34）。

图3-32 样品微沸

（2）准确吸取一定量的滤液（含氯离子约25mg）于250mL锥形瓶中，加入5mL硝酸溶液［3.6.2（1）］，加入

图3-33 样品转移

图3-34 样品过滤

25.00mL硝酸银溶液［3.6.2（2）］，摇动至沉淀分层，加入5mL邻苯二甲酸二丁酯［3.6.2（7）］，摇动片刻。

（3）加入水使溶液总体积约为100mL，加入2mL硫酸铁铵指示液［3.6.2（4）］，用硫氰酸铵标准溶液［3.6.2（5）］滴定剩余的硝酸银，至出现浅橙红色或浅砖红色为止（图3-31）。同时进行空白试验。

3.6.5 结果计算

氯离子的质量分数ω，数值以（%）表示，按下式计算：

$$\omega=\frac{(V_0-V_2)\times c\times 0.03545}{m_2\times D}\times 100 \qquad (3\text{-}9)$$

式中：

V_0——空白试验（25.00mL）硝酸银溶液消耗硫氰酸铵标准滴定溶液的体积，单位为mL；

V_2——滴定试液时所消耗硫氰酸铵标准滴定溶液的体积，单位为mL；

c——硫氰酸铵标准滴定溶液的浓度，单位为mol/L；

m_2——试料质量，单位为g；

D——测定时吸取试液体积与试液总体积的比值；

0.03545——氯离子的毫摩尔质量，单位为g/mmol。

计算结果精确到小数点后2位。取平行测定结果的算术平均值作为测定结果。

误差要求：

氯离子含量测定允许的绝对差见表3-3。

表3-3 氯离子含量测定允许的绝对差

氯离子含量（ω，%）	平行测定结果的绝对差（%）	不同试验室测定结果的绝对差（%）
$\omega<5$	≤0.20	≤0.30
$5\leqslant\omega\leqslant25$	≤0.30	≤0.40
$\omega\geqslant25$	≤0.40	≤0.60

3.6.6 注意事项

(1) 吸取硝酸银溶液必须要准确，不然结果差异很大。

(2) 酸度的控制是关键，滴定必须在中性或弱碱性中进行。酸度大，看不到终点颜色；酸度小，则形成氧化银（Ag_2O）沉淀，最适宜pH为6.5 ~ 10.5。

(3) 铁含量超过10mg/L将使终点不明显。

(4) 滴定过程中为减少沉淀对离子的吸附作用，一般用于滴定的溶液体积大些为好，当氯离子含量高时，要用水稀释后再进行滴定。

(5) 滴定过程中要慢滴多摇，不宜在强光下进行，以免硝酸银分解造成终点不准。

(6) 当滤液呈褐色时，应先用过氧化氢使之褪色，否则在滴定时妨碍终点的观察。

第4章 | CHAPTER 4

有机肥料测定方法

4.1 有机肥料中总氮含量的测定

4.1.1 方法原理

有机肥料中的有机氮经硫酸－过氧化氢消煮，转化为铵态氮，碱化后蒸馏出来的氨用酸溶液吸收，以标准酸溶液滴定，计算样品中总氮含量。

4.1.2 试剂

（1）浓硫酸［$\rho(H_2SO_4)=1.84g/cm^3$］

分析纯。

（2）过氧化氢［$c(H_2O_2)=30\%$］

体积分数30%的溶液。

（3）氢氧化钠［$c(NaOH)=400g/L$］

质量－体积浓度，准确称取40g氢氧化钠（化学纯），溶于100mL水中，操作在通风橱内进行。

（4）硼酸溶液［$c(H_3BO_3)=0.02g/mL$］

质量－体积浓度，称取2g硼酸溶于水中，稀释至100mL。

（5）定氮混合指示剂

称取0.5g溴甲酚绿和0.1g甲基红溶于100mL95%乙醇中。

（6）硫酸［$c(1/2H_2SO_4)=0.05mol/L$］或盐酸［$c(HCl)=0.05mol/L$］标准溶液

配制和标定按GB/T 601—2016的规定进行。

4.1.3 仪器

实验室常用仪器设备和凯氏定氮仪。

4.1.4 分析步骤

（1）试样溶液制备

称取过1mm筛的风干试样0.5g（精确至0.000 1g），置于消煮管底部，加5mL硫酸［4.1.2（1）］和1.5mL过氧化氢［4.1.2（2）］，小心摇匀，瓶口放小漏斗，放置过夜，在消煮炉上缓慢升温至硫酸冒烟，取下，稍微冷却后，加15滴过氧化氢，轻轻摇动消煮管，加热至瓶内液体回流，取下，冷却后再加5 ～ 10滴过氧化氢，并分次消煮，直至溶液呈无色或淡黄色清液后（同第4章4.2有机肥料磷含量的测定中图4-6～图4-8)，继续加热10min，除尽剩余的过氧化氢，取下冷却。用少量水冲洗小漏斗，将消煮液移入100mL容量瓶中，加水定容，静置澄清或用无磷滤纸干过滤到具塞三角瓶中，备用。

(2) 空白试验用溶液制备

空白试验除不加试样外，试剂用量和操作同4.1.4 (1)。

(3) 测定

①吸取消煮上清液25.00mL于蒸馏管内，于250mL三角瓶加入35mL硼酸[4.1.2 (4)] 溶液，3～4滴混合指示剂 [4.1.2 (5)] 承接于冷凝管下（图4-1)，管口插入酸液面中，加入15mL氢氧化钠溶液 [4.1.2 (3)]，蒸馏3min（图4-2)。

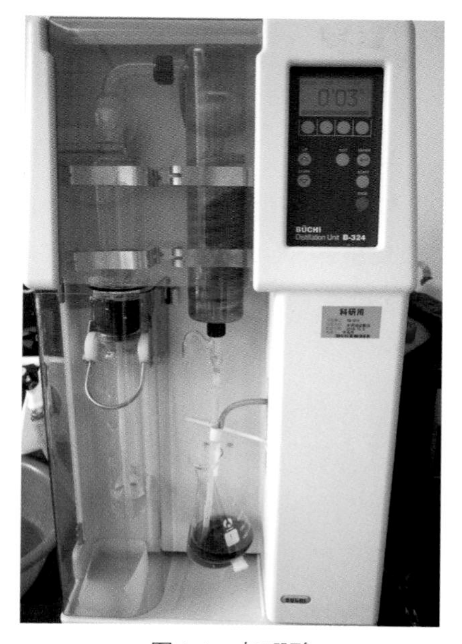

图4-1 加硼酸

图4-2 蒸 馏

②用硫酸标准溶液滴定馏出液，由蓝色变至紫红色为终点（图4-3～图4-5)。记录消耗标准溶液的体积（mL)，同时做空白。

图4-3 滴定（蓝色）

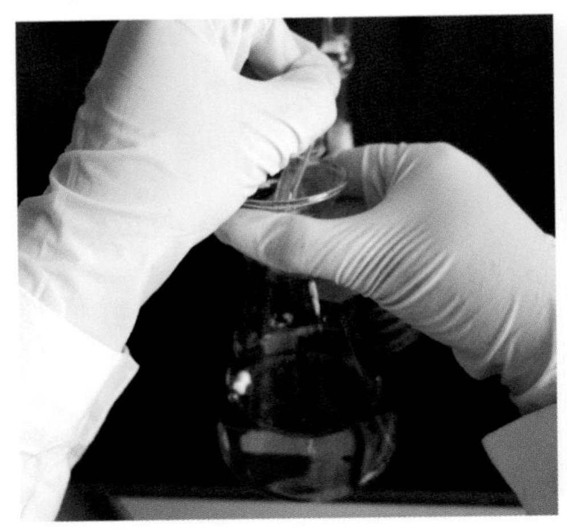

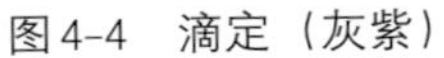

图4-4 滴定（灰紫）

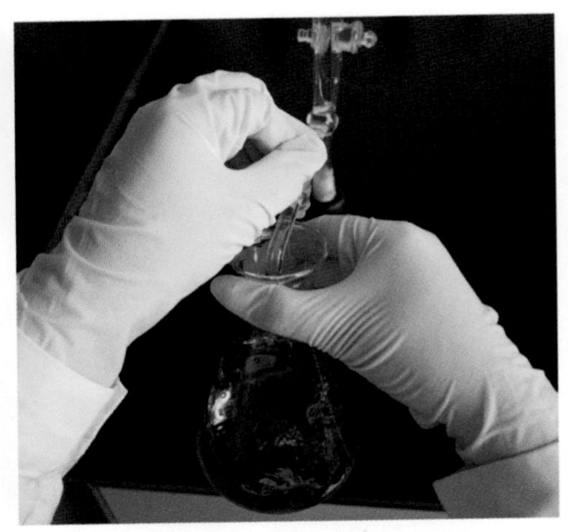

图4-5 滴定（紫红）

4.1.5 结果计算

肥料的总氮含量以肥料的质量分数ω（%）表示，按下式计算：

$$\omega=\frac{C\times(V_2-V_0)\times D\times 0.0140\times 100}{m\times(1-x)} \tag{4-1}$$

式中：

C——标准溶液的摩尔浓度，单位为mol/L；

V_0——空白试验时，消耗标准溶液的体积，单位为mL；

V_2——样品滴定时，消耗标准溶液的体积，单位为mL；

0.0140——氮的摩尔质量，单位为g/mmol；

m——风干样质量，单位为g；

x——风干样含水量；

D——分取倍数，定容体积/分取体积，100/25。

所得结果应精确至2位小数。

误差要求：

取2个平行测定结果的算术平均值作为测定结果；2个平行测定结果允许绝对差应符合表4-1的要求。

表4–1 总氮含量测定允许的绝对差的要求

氮（ω，%）	允许差（%）
$\omega\leqslant 0.50$	<0.02
$0.50<\omega<1.00$	<0.04
$\omega\geqslant 1.00$	<0.06

4.1.6 注意事项

（1）消煮过程中加入过氧化氢时，一定要等液体冷却后再加入。

（2）其余注意事项见3.1.6（2）～（7）。

4.2 有机肥料磷含量的测定

4.2.1 方法原理

有机肥料试样采用硫酸和过氧化氢消煮，在一定酸度下，待测液中的磷酸根离子与偏钒酸和钼酸反应形成黄色三元杂多酸，在一定浓度范围（1～20mg/L）内，黄色溶液的吸光度与含磷量呈正比例关系，用分光光度法定量磷。

4.2.2 试剂

（1）浓硫酸

ρ=1.84g/cm^3，分析纯。

（2）硝酸

ρ=1.42g/mL，分析纯。

（3）过氧化氢［$c(H_2O_2)$=30%］

体积分数30%的溶液。

（4）钒钼酸铵试剂

A液，称取25.0g钼酸铵[$(NH_4)_6Mo_7O_{24}\cdot 4H_2O$]溶于400mL水中；B液，称取1.25g偏钒酸铵溶于300mL沸水中，冷却后加250mL硝酸［4.2.2（2）］，冷却。在搅拌下将A液缓缓注入B液中，用水稀释至1L，混匀，贮于棕色瓶中。

（5）氢氧化钠［$c(N_aOH)$=100g/L］

质量－体积浓度，准确称取氢氧化钠（分析纯）10g，溶于100mL水中，不断搅拌，通风橱内进行。

（6）硫酸［$c(H_2SO_4)$=5%］

体积分数5%的溶液。

（7）磷标准储备液

称取4.394 0g经105℃烘干2h的磷酸二氢钾（基准试剂），用水溶解后，转入1L容量瓶中，加入5mL硫酸［4.2.2（1）］，冷却后用水定容至刻度，该溶液1mL含磷为1 000μg。

（8）磷标准溶液［$c(P)$=50μg/mL］

吸取磷标准储备液［4.2.2（7）］，10.00mL于100.00mL容量瓶中加水定容，即得浓度为100μg/mL的磷标准溶液，从100μg/mL的磷标准溶液中吸取25.00mL于50.00mL容量瓶中即得浓度为50μg/mL的磷标准溶液。

（9）指示剂2,4－二硝基酚或2,6－二硝基酚

质量浓度为0.2%的溶液。

4.2.3 仪器

实验室常用仪器设备、分光光度计。

4.2.4 分析步骤

(1) 试样溶液制备

称取过1mm孔径筛的风干试样0.5 ~ 1.0g（精确至0.000 1g），置于凯氏烧瓶底部。

图4-6 样品消解

用少量水冲洗沾附在瓶壁上的试样。加5mL硫酸［4.2.2（1）］和1.5mL过氧化氢［4.2.2（3）］，小心摇匀，瓶口放一弯颈漏斗（图4-6），在可调电炉上缓慢升温至硫酸冒白烟后取下，稍微冷却后，加15滴过氧化氢，轻轻摇动凯氏烧瓶，加热10min，取下，稍微冷却后，再加5 ~ 10滴过氧化氢并分次消煮，直至溶液呈无色（图4-7）或淡黄色清液后，继续加热10min，除尽剩余的过氧化氢。取下稍微冷却，再加热至沸。取下冷却，用少量水冲洗弯颈小漏斗，洗液收入凯氏烧瓶中。将消煮液移入100mL容量瓶中，加水定容（图4-8），静置澄清或用无磷滤纸干过滤到具塞三角瓶中，备用。

图4-7 样品冷却

图4-8 转移定容

(2) 空白试验

除不加试样外，试剂用量和操作同4.2.4（1）。

(3) 测定

吸取5.00 ~ 10.00mL试样溶液［4.2.4（1）］（含磷0.05 ~ 1.0mg）于50mL容量瓶中，加水至30mL左右（图4-9），与标准溶液系列同条件显色、比色，读取吸光度（图4-10）。

(4) 校准曲线绘制

吸取磷标准溶液［4.2.2（8）］0、1.0mL、2.5mL、5.0mL、7.5mL、10.0mL

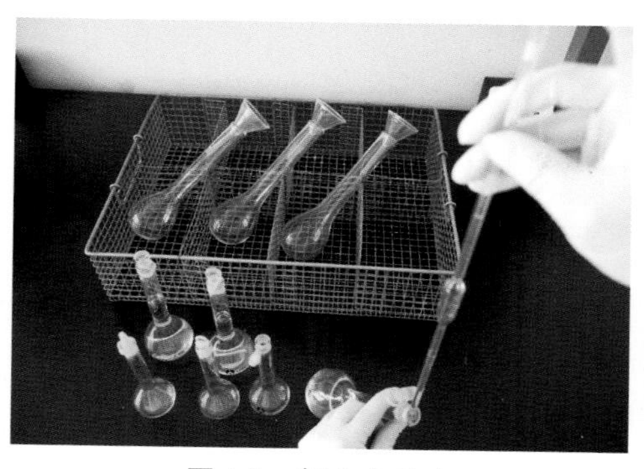

图4-9 加入少量水

图4-10 样品显色

分别置于6个50mL容量瓶中，加入与吸取试样溶液等体积的空白溶液，加水至30mL左右，加2滴2,4–二硝基酚或2，6-二硝基酚指示剂溶液［4.2.2（9）］，用氢氧化钠溶液［4.2.2（5）］和硫酸溶液［4.2.2（6）］调节溶液刚呈微黄色，加10.0mL钒钼酸铵试剂［4.2.2（4）］，摇匀，用水定容。此溶液为1mL含磷0、1.0μg、2.5μg、5.0μg、7.5μg、10.0μg的标准溶液系列（图4-11）。在室温下放置20min后，在分光光度计波长440nm（波长选择见表4-2）处用1cm光径比色皿，以空白溶液调节仪器零点，进行比色，读取吸光度，根据磷浓度和吸光度绘制标准曲线或求出直线回归方程。

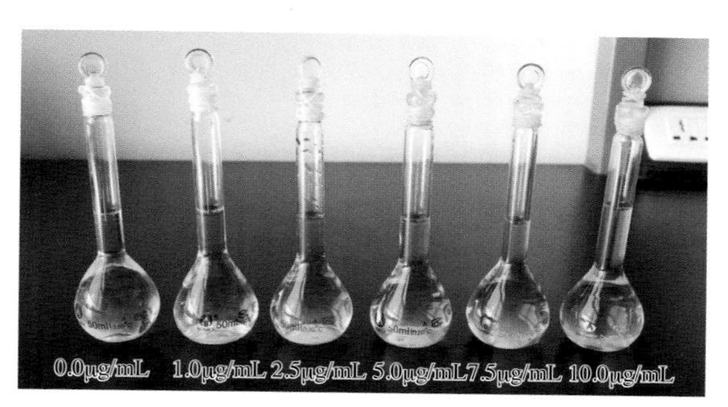

图4-11 标准曲线

表4–2 波长的选择可根据磷浓度

磷浓度（mg/L）	波长（nm）	磷浓度（mg/L）	波长（nm）
0.75 ~ 5.5	400	4 ~ 17	470
2 ~ 15	440	7 ~ 20	490

4.2.5 结果计算

肥料的磷含量以五氧化二磷的质量分数ω（%）表示，按下式计算：

$$\omega=\frac{c\times V_3\times D\times 2.29\times 0.0001}{m\ (1-X_0)} \tag{4-2}$$

式中：

c——由校准曲线查得或由回归方程求得显色液磷浓度，单位为μg/mL；

V_3——显色体积，50mL；

D——分取倍数，定容体积/分取体积，100/5或100/10；

m——风干样质量，单位为g；

X_0——风干样含水量；

2.29——将磷换算成五氧化二磷的因数；

0.0001——将ug^{-1}换算为质量分数的因数。

所得结果应精确至2位小数。

误差要求：

2个平行测定结果的算术平均值作为测定结果，平行测定结果允许绝对差应符合表4-3的要求。

表4-3　磷含量测定允许的绝对差的要求

磷含量（ω，%）	允许差（%）
$\omega \leqslant 0.50$	＜0.02
$0.50 < \omega < 1.00$	＜0.03
$\omega \geqslant 1.00$	＜0.04

4.2.6　注意事项

（1）肥料应避免沾在凯氏瓶颈部，如因颈部不干而沾了肥料，应用硫酸或少量水冲入瓶颈，否则会因样品损失导致结果偏低或失误。试验测定中使用混合指示剂可以得到清晰终点。

（2）加入少量水湿润的目的是为了防止肥料与硫酸不能混匀而成团粒，不利于充分消化。但水分多了会降低消煮温度，延长消化时间，所以不能加入太多水。加水至可将肥料在瓶底摇动散开即可，然后加硫酸，这样肥料不至成团粒，能与硫酸混匀。

（3）将待测液倒入比色皿时，避免比色皿内壁上或者待测液中含有气泡，气泡影响吸光度的读数，从而造成数据不准确。

（4）将比色皿放入比色池之前，还应注意用擦镜纸将比色皿外壁上的液体擦净，避免酸性比色液对紫外分光光度计的腐蚀。

（5）温度、显色时间对磷测定影响明显，待测液体在（25±1）℃，显色30min为最佳。温度低，显色时间短，待测液的吸光度降低，磷的含量较低；温度过高，显色时间长，待测液的吸光度偏高，磷含量相对偏高。

（6）联合消煮待测液体测定有机肥氮、磷、钾时，若试样澄清，应先测样品全磷、全钾，否则溶液浑浊影响实验准确，最后测定全氮；若试样浑浊，应先过滤后测定氮、磷、钾。

（7）试验中选取曲线点时，应根据样品含量确定，样品磷含量在曲线中间适宜。

4.3 有机肥料中总钾含量的测定

4.3.1 方法原理

有机肥料试样经硫酸和过氧化氢消煮，稀释后用火焰光度法测定，在一定浓度范围内，溶液中钾浓度与发射强度呈正比例关系。

4.3.2 试剂

（1）浓硫酸

分析纯。

（2）过氧化氢 [$c(H_2O_2)$=30%]

体积分数30%的溶液。

（3）钾标准储备溶液 [c(KCl)=1mg/mL]

称取1.906 7g经100℃烘2h的氯化钾（基准试剂），用水溶解后定容至1L。该溶液1mL含钾1mg，贮于塑料瓶中。

（4）钾标准溶液 [c(KCl)=100μg/mL]

吸取10.00μg/mL钾标准储备溶液 [4.3.2（3）] 于100mL容量瓶中，用水定容，此溶液1mL含钾100μg。

4.3.3 仪器

实验室常用仪器设备及火焰光度计。

4.3.4 分析步骤

（1）样品前处理

见有机肥料中总氮测定（4.1）。

（2）标准曲线绘制

吸取钾标准溶液 [4.3.2（4）] 0、1.00mL、2.50mL、5.00mL、7.50mL、10.00mL分别置于6个50mL容量瓶中，加入与吸取试样溶液等体积的空白溶液，用水定容，此溶液为1mL含钾0、2.00μg、5.00μg、10.00μg、15.00μg、20.00μg的标准溶液系列（图4-12）。在火焰光度计上，按照仪器说明使用，依次从低浓度至高浓度测量其他标准溶液，记录仪器示值，根据钾浓度和仪器示值绘制校准曲线或求出直线回归方程。

（3）测定

吸取5.00mL试样溶液于50mL容量瓶中，用水定容。火焰稳定后（图4-13）与标准曲线同条件在火焰光度计上测定，记录仪器示值。每测定5个样品后，须用钾标准溶液校正仪器。

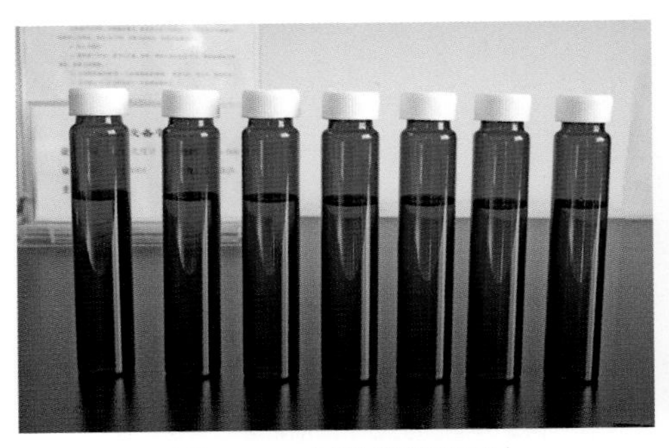
图4-12　标准溶液系列

图4-13　火焰状态

4.3.5　结果计算

$$K_2O\ (\%) = \frac{c \times V \times D \times 1.20 \times 0.0001}{m\ (1-X_0)} \tag{4-3}$$

式中：

c——由校正曲线查的或由回归方程求得测定液钾浓度，单位为μg/mL；

V——上机测定体积，本操作为50mL；

D——分取倍数，定容体积/分取体积，100/5；

m——风干试样，单位为g；

X_0——风干样含水量；

1.20——将钾换算成氧化钾的因数。

取2个平行测定结果的算术平均值作为测定结果，所得结果应精确至2位小数。

误差要求见表4-4。

表4-4　钾含量测定的允许差

钾（K_2O，%）	允许差（%）
$K_2O \leqslant 0.60$	<0.05
$0.60 < K_2O \leqslant 1.20$	<0.07
$1.2 < K_2O < 1.80$	<0.09
$K_2O \geqslant 1.80$	<0.12

4.3.6　注意事项

（1）称样后加入硫酸放置过夜，可以更好地反应，便于消煮。

（2）样品编号尽量书写在消煮管下端部位，避免手摇时擦抹掉，影响后续实验。

（3）消煮过程中手摇消煮管时，应轻摇慢放口朝外，远离人体，以免喷溅误伤。

（4）样品转移至容量瓶中时少量多次，确保转移无损耗，不影响实验结果。

4.4 有机肥中有机质含量的测定

4.4.1 方法原理

用定量的重铬酸钾－硫酸溶液，在加热条件下，使有机肥料中的有机碳氧化，多余的重铬酸钾用硫酸亚铁标准溶液滴定，同时以二氧化硅为添加物作空白试验。根据氧化前后氧化剂消耗的量，计算有机碳量，乘以系数1.724，为有机质含量。

4.4.2 试剂

（1）浓硫酸

分析纯。

（2）重铬酸钾标准溶液［$c(1/6K_2Cr_2O_7)=0.2mol/L$］

称取经过130℃烘3～4h的重铬酸钾（基准试剂或优级纯）9.806 2g，先用少量水溶解，然后转移入1L容量瓶中，用水稀释至刻度，摇匀备用。

（3）邻菲啰啉指示剂

称取硫酸亚铁0.695g和邻菲啰啉1.485g溶于100mL水中，摇匀备用。

（4）重铬酸钾溶液［$c(1/6K_2Cr_2O_7)=0.8mol/L$］

称取重铬酸钾（分析纯）39.23g，先用少量水溶解，然后转移至1L容量瓶中，稀释至刻度，摇匀备用。

（5）硫酸亚铁标准溶液［$c(FeSO_4 \cdot 7H_2O)=0.2mol/L$］

称取（分析纯）56.0g，溶于900mL蒸馏水中，加入20mL浓硫酸，稀释定容至1L，摇匀备用。

（6）硫酸亚铁标准溶液的标定［$c(FeSO_4)=0.2mol/L$］

吸取重铬酸钾标准溶液［4.4.2（2）］10.00mL放入150mL三角瓶中，加硫酸［4.4.2（1）］3～5mL和2～3滴邻啡啰啉指示剂［4.4.2（3）］，用硫酸亚铁标准溶液滴定［4.4.2（5）］。

根据硫酸亚铁标准溶液滴定时的消耗量计算其准确浓度c：

$$c=\frac{c_1 \times V_1}{V_2} \tag{4-4}$$

式中：

c_1——重铬酸钾标准溶液的浓度，单位为mol/L；

V_1——吸取重铬酸钾标准溶液的体积，单位为mL；

V_2——滴定时消耗硫酸亚铁标准溶液的体积，单位为mL。

4.4.3 仪器

水浴锅、碱式滴定管。

4.4.4 分析步骤

（1）称取过0.25mm筛的样品0.2 ～ 0.5g（精确至0.000 2g），置于250mL的容量瓶中。准确加入0.8mol/L重铬酸钾标准溶液50.00mL［4.4.2（4）］，充分摇匀后加浓硫酸50mL［4.4.2（1）］，缓缓摇动1min。将容量瓶置于沸水中沸腾后保温30min，每隔约5min摇动1次。取出冷却至室温，定容摇匀。

（2）吸取25.00mL定容后的溶液于250mL三角瓶内（图4-14），加水约80mL（图4-15），加3 ～ 4滴邻菲啰啉指示剂［4.4.2（3）］（图4-16），用硫酸亚铁标准溶液［4.4.2（6）］滴定，近终点时，溶液由绿色变成暗绿色，再逐滴加入硫酸亚铁标准溶液直至生成砖红色为止（图4-17 ～图4-23）。

（3）按照分析步骤，进行空白试验。如果滴定试样所用硫酸亚铁标准溶液的用量不到空白试验所用硫酸亚铁标准溶液用量的1/3，则应减少称样量，重新测定。

图4-14　移取样品液体

图4-15　加　水

图4-16　加指示剂

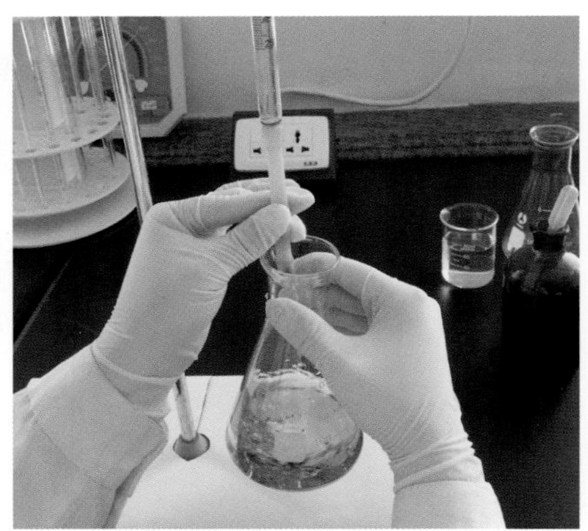

图4-17　滴定1

图4-18 滴定2

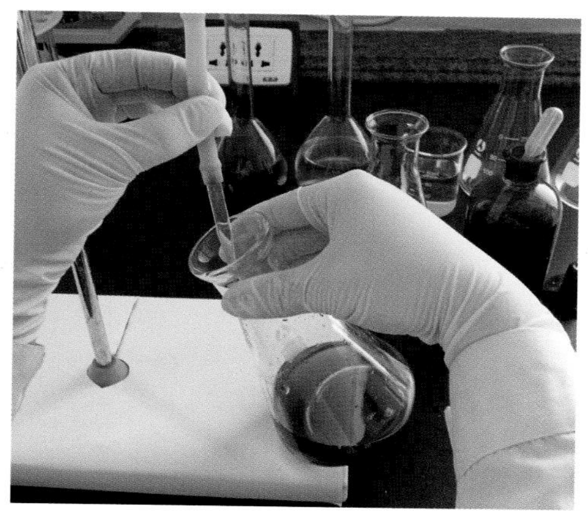

图4-19 滴定3

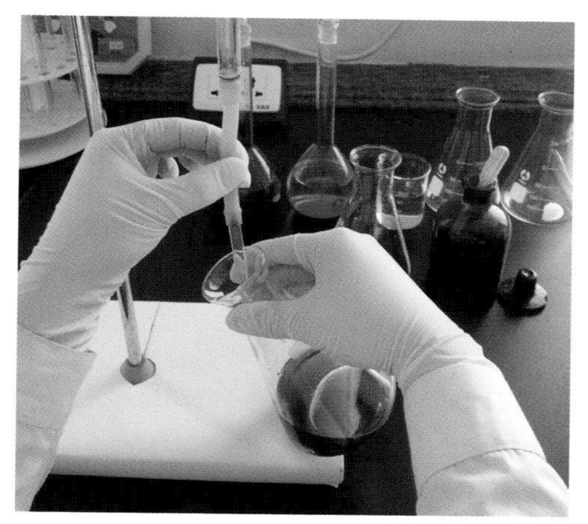

图4-20 滴定4

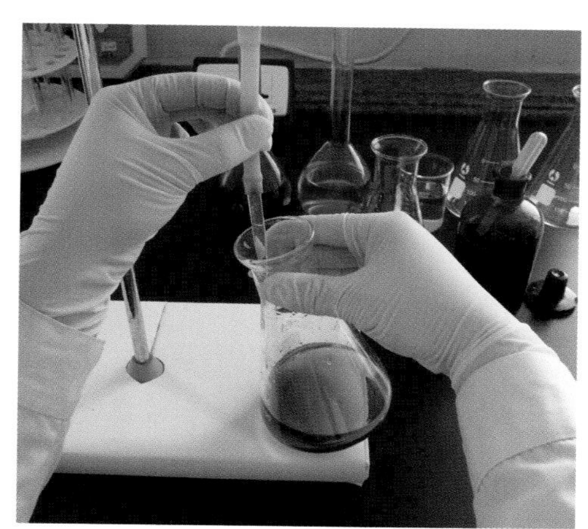

图4-21 滴定5

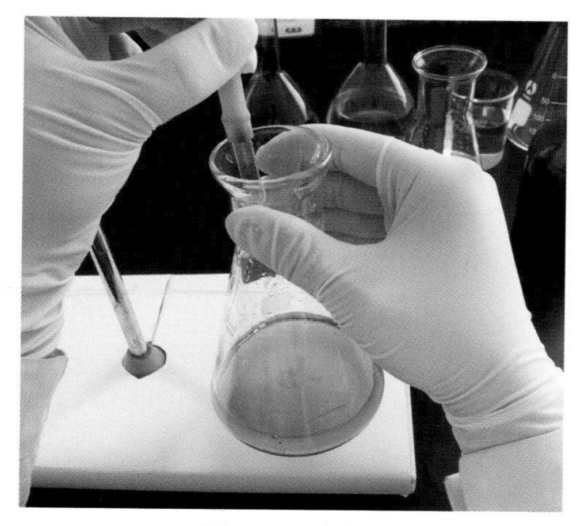

图4-22 滴定6

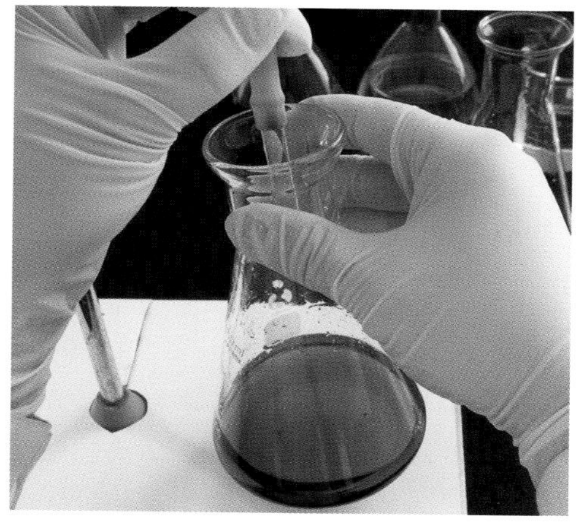

图4-23 滴定7

4.4.5 结果计算

肥料有机质含量以肥料的质量分数ω（%）表示，按下式计算：

$$\omega=\frac{(V_0-V)\times c\times 0.003\times 1.724\times 1.5\times 100\times D}{m(1-X_0)} \qquad (4\text{-}5)$$

式中：

c——硫酸亚铁标准溶液的摩尔浓度，单位为mol/L；

V_0——空白试验时，使用硫酸亚铁标准滴定溶液的体积，单位为mL；

V——试样测定时，使用硫酸亚铁标准溶液的体积，单位为mL；

0.003——1/4碳原子的摩尔质量，单位为g/mol；

1.724——由有机碳换算为有机质的系数；

m——试样质量，单位为g；

X_0——风干试样的含水量；

D——稀释倍数，250/50。

误差要求：

取平行分析结果的算术平均值为最终分析结果。平行测定的绝对差值应符合表4-5要求。

表4–5 有机质含量测定的绝对差值

有机质含量（ω，%）	绝对差值（%）
$\omega\leqslant 40$	0.6
$40<\omega<55$	0.8
$\omega\geqslant 55$	1.0

4.4.6 注意事项

（1）硫酸亚铁溶液宜现用现配，放置时间过长，滴定样品时硫酸亚铁用量增加，结果偏高。

（2）有机质肥料中含有较多的亚铁离子还原性物质，建议用风干样测定；如果不风干，检测时结果偏高。

（3）前处理样品时不要暴晒和高温烘干，防止有机质的成分发生变化。

（4）肥料的有机质称样量小，所以选取样品时，应选取细度细小，均匀，全部通过0.5mm筛的样品。

（5）0.8mol/L的重铬酸钾溶液浓度较大，有明显的黏滞性，用移液管移取时，必须缓慢加入，控制好各个样品的流速，减少操作误差。

（6）试样氧化时水浴的水温、开始计时的时机对检测结果影响很大，要严格控制，试样在液体表面出现翻滚时开始计时。

（7）如重铬酸钾的氧化能力不足，消煮好的溶液颜色以绿色为主，说明重铬酸钾用量不足。有氧化不完全的可能，应减少称样量，加大重铬酸钾使用量。

（8）氯离子存在会使测定结果偏高。遇到此情况时，应加入0.1g硝酸银消除干扰。

（9）在滴定过程中，邻菲啰啉只有在较强的酸性条件下变色才明显，与空气接触太长会失效，因此，要储存于棕色试剂瓶。邻菲啰啉被试液中悬浮物吸附，造成滴定颜色变化不清时，可在滴定前用快速滤纸过滤后再滴定。

4.5 有机肥酸碱度测定方法——pH法

4.5.1 方法原理

试样经水浸泡平衡，直接用pH酸度计测定。

4.5.2 试剂

pH4.01标准缓冲液：称取经110℃烘1h的邻苯二钾酸氢钾10.21g，用水溶解，稀释定容至1L。

pH6.87标准缓冲液：称取经120℃烘2h的磷酸二氢钾（KH_2PO_4）3.398g和经120 ~ 130℃烘2h的无水磷酸氢二钠（Na_2HPO_4）3.53g，用水溶解，稀释定容至1L。

4.5.3 仪器

实验室常用仪器及pH酸度计。

4.5.4 分析步骤

称取过1mm孔径筛的风干样5.0g于100mL烧杯中，加50mL水（经煮沸驱除二氧化碳），搅动15min（图4-24），静置30min，用pH酸度计测定（图4-25），测定后用蒸馏水冲洗电极（图4-26）。

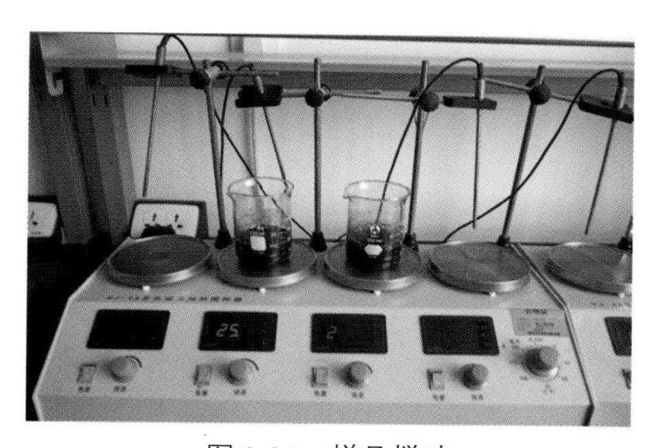

图4-24 样品搅动

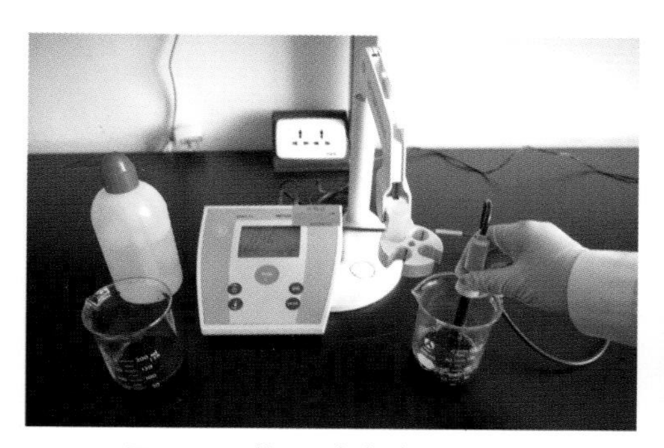

图4-25 将pH酸度计插入电极

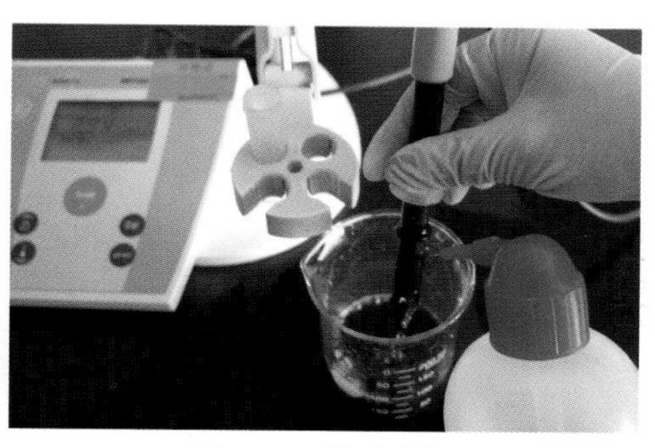

图4-26 清洗电极

误差要求：

取平行测定结果的算术平均值为最终分析结果，保留1位小数。平行分析结果的绝对差值不大于0.2。

4.5.5 结果计算

读取pH计读值。

4.5.6 注意事项

（1）使用完毕，不能让电极干燥。

（2）一般情况，仪器在连续使用时，每天要校验1次。

（3）用蒸馏水冲洗电极，并用干净纱布轻轻吸干剩余的水。

（4）测量时，电极的引入导线应保持静止，否则会引起测量不稳定。

（5）电极切忌浸泡在蒸馏水中。

（6）保持电极的湿润，如发现电极干枯，在使用前应在3mol/L氯化钾溶液中浸泡几小时，以降低电极的不对称电位。

4.6 肥料中砷、汞、镉、铬、铅含量的测定

4.6.1 原理

试样经消解后，加入酸液使五价砷预还原为三价砷。在酸性介质中，硼氢化钾使汞还原成原子态汞，砷还原生成砷化氢，由氩气载入石英原子化器中，在特制的汞、砷空心阴极灯的发射光激发下产生原子荧光，利用荧光强度在特定条件下与被测液中的汞、砷浓度成正比的特性，对汞、砷进行测定。

试样经王水消化后，试样溶液中的镉、铅、铬在电感耦合等离子体（ICP）光源中原子化并激发至高能态，处于高能态的原子跃迁至基态时产生具有特征波长的电磁辐射，辐射强度与镉、铅、铬原子浓度成正比。

4.6.2 试剂和材料

本标准中所用试剂、水和溶液的配制，在未注明规格和配制方法时，均应符合HG/T2843的规定。

（1）盐酸

优级纯。

（2）硝酸

优级纯。

（3）王水

将盐酸［4.6.2（1）］与硝酸［4.6.2（2）］按体积比3 ∶ 1混合，放置20min后使用。

（4）盐酸溶液［c(HCl)=3%］

体积分数3%的溶液。

（5）盐酸溶液［c(HCl)=50%］

体积分数50%的溶液。

（6）硝酸溶液［$c(HNO_3)$=3%］

体积分数3%的溶液。

（7）氢氧化钾溶液［c(KOH)=5g/L］

称取5g氢氧化钾溶于1000mL水中，定容备用。

（8）硼氢化钾溶液［$c(KBH_4)$=20g/L］

称取硼氢化钾10.0g，溶于500mL氢氧化钾溶液［4.6.2（7）］中，混匀（此溶液于冰箱中可保存10d，常温下应当日使用）。

（9）硫脲溶液［$c(NH_2CSNH_2)$=50g/L］

称取25g硫脲溶于500mL水中，定容备用。

（10）重铬酸钾-硝酸溶液［$c(K_2Cr_2O_7)$=0.5g/L］

称取0.5g重铬酸钾溶解于1 000mL硝酸溶液［4.6.2（6）］中。

（11）汞标准储备溶液［c(Hg)=1 000μg/mL］

购于国家标准物质中心。

（12）砷标准储备溶液［c(As)=1 000μg/mL］

购于国家标准物质中心。

（13）汞标准溶液［c(Hg)=10μg/mL］

吸取1000μg/mL汞标准储备溶液［4.6.2（11）］10.0mL，用重铬酸钾-硝酸溶液［4.6.2（10）］定容至1 000mL，混匀。

（14）汞标准溶液［c(Hg)=0.1μg/mL］

吸取10μg/mL汞标准溶液［4.6.2（13）］10.0mL，用重铬酸钾-硝酸溶液［4.6.2（10）］定容至1000mL，混匀。

（15）砷标准溶液［c(As)=100μg/mL］

吸取1 000μg/mL砷标准储备溶液［4.6.2（12）］10.0mL，用盐酸溶液［4.6.2（4）］定容至100mL，混匀。

（16）砷标准溶液［c(As)=1μg/mL］

吸取100μg/mL砷标准溶液［4.6.2（15）］1.0mL，用水定容至100mL，混匀。

（17）镉标准储备溶液［c(Cd)=1mg/mL］

购于国家标准物质中心。

（18）镉标准溶液［c(Cd)=100μg/mL］

吸取［4.6.2（17）］10.0mL于100mL容量瓶中，加入盐酸溶液［4.6.2（5）］5mL，用水定容，混匀。

（19）镉标准溶液［c(Cd)=20μg/mL］

吸取［4.6.2（19）］20.0mL于100mL容量瓶中，加入盐酸溶液［4.6.2（5）］5mL，用水定容，混匀。

（20）铅标准储备溶液［c(Pd)=1mg/mL］

购于国家标准物质中心。

（21）铅标准溶液［c(Pd)=50μg/mL］

吸取［4.6.2（20）］5.00mL于100mL容量瓶中，加入盐酸溶液［4.6.2（5）］5mL，用水定容，混匀。

（22）铬储备标准溶液［c(Cr)=1mg/mL］

购于国家标准物质中心。

（23）铬标准溶液［c(Cr)=100mg/mL］

吸取［4.6.2（18）］10.00mL于100mL容量瓶中，加入盐酸溶液［4.6.2（5）］5mL，用水定容，混匀。

（24）铬标准溶液［c(Cr)=20μg/mL］

吸取镉标准溶液［4.6.2（25）］20.00mL于100mL容量瓶中，加入盐酸溶液［4.6.2（5）］5mL，用水定容，混匀。

4.6.3 仪器

（1）通常实验室仪器。

（2）原子荧光光度计，砷、汞空心阴极灯。

（3）电热板：温度在室温至200℃内可调。

（4）等离子体发射光谱仪。

4.6.4 分析步骤

（1）试样的制备

固体样品经多次缩分后，取出约100g，将其迅速研磨至全部通过0.50mm孔径筛（如样品潮湿，可通过1.00mm孔径筛），混合均匀，置于洁净、干燥的容器中；液体样品经多次摇动后，迅速取出约100mL，置于洁净、干燥的容器中。

（2）试样溶液的制备

砷、汞试样溶液制备方法：称取试样0.2 ～ 2.0g（精确至0.000 1g）于100mL烧瓶中（图4-27），加入20mL王水［4.6.2（3）］，盖上玻璃塞于150 ～ 200℃可调电热板上消解（图4-28）（含腐殖酸水溶肥料及含大量有机物质的肥料建议先浸泡过夜，或先在70 ～ 90℃温度下预消解30min）。消解管内容物近干时，用滴管滴加盐酸［4.6.2（1）］数滴，驱赶剩余硝酸，反复数次，直至再次滴加盐酸时无棕黄色烟雾出现为止。用少量水冲洗漏斗及消解内壁并继续煮沸5min，取下冷却，过滤（图4-29），滤液直接收集于50mL容量瓶中。滤干后用少量水冲洗3次以上，合并于滤液

图4-27 烧 瓶

中，加入10.0mL硫脲溶液［4.6.2（9）］和3mL浓盐酸［4.6.2（5）］，用水定容（图4-30），混匀，放置至少30min后测试（图4-31、图4-32）。

图4-28 电热板消解

图4-29 取下冷却过滤

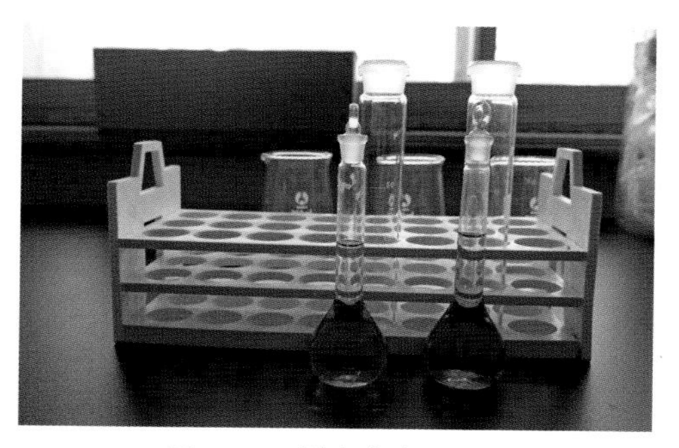

图4-30 用水定容

图4-31 进行测定

镉、铅、铬溶液制备方法：称取试样1 ~ 5g（精确至0.001g）于100mL烧瓶中（图4-27），加入20mL王水，盖上表面皿于150 ~ 200℃可调电热板上微沸，待烧瓶中内容物近干时取下，用少量水冲洗表面皿及烧瓶内部，冷却后加入2mL盐酸溶液[4.6.2(4)]，加热溶解，取下冷却过滤，滤液直接收集于50mL容量瓶中，滤干后用少量水冲洗3次以上，合并于滤液中，定容混匀。

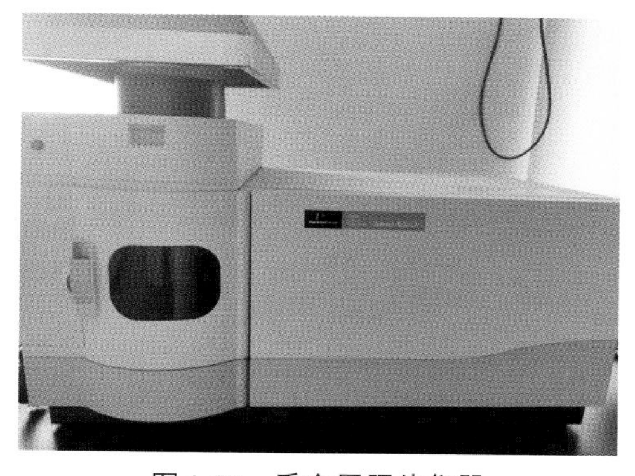

图4-32 重金属照片仪器

（3）混合工作曲线的绘制

砷、汞混合工作曲线的绘制：分别吸取汞标准溶液［4.6.2（14）］0、0.20mL、0.40mL、0.60mL、0.80mL、1.00mL，砷标准溶液［4.6.2（16）］0、0.50mL、1.00mL、1.50mL、2.00mL、2.50mL于6个50mL容量瓶中，加入10mL硫脲溶液［4.6.2（9）］

和3mL浓盐酸［4.6.2（5）］，用水定容，混匀。此混合标准系列溶液的质量浓度为：汞0、0.40ng/mL、0.80ng/mL、1.20ng/mL、1.60ng/mL、2.00ng/mL；砷0、10.00ng/mL、20.00ng/mL、30.00ng/mL、40.00ng/mL、50.00ng/mL。

根据原子荧光光度计使用说明书或仪器工程师的要求，选择仪器的工作条件和参考条件：光电倍增管负高压270V；汞空心阴极灯电流30mA；砷空心阴极灯电流45mA；原子化器温度200℃；高度9mm；氩气流速400mL/min；屏蔽气100mL/min。测量方式：荧光强度或浓度直读。读数方式：峰面积。积分时间：12s。以盐酸溶液［4.6.2（4）］和硼氢化钾溶液［4.6.2（8）］为载流，汞、砷含量为0的标准溶液为参照，测定各标准溶液的荧光强度。以各标准溶液汞、砷的质量浓度（ng/mL）为横坐标，相应的荧光强度为纵坐标，绘制工作曲线。根据原子荧光光度计使用说明书或仪器工程师的要求，选择仪器的工作条件。

镉、铅、铬混合工作曲线的绘制：分别吸取镉标准溶液［4.6.2（19）］、铅标准溶液［4.6.2（21）］和铬标准溶液［4.6.2（24）］0、1.00mL、2.00mL、4.00mL、8.00mL、10.00mL于6个100mL容量瓶中，加入5mL盐酸［4.6.2（5）］，用水定容，混匀。此标准系列溶液镉的质量浓度分别为0、0.20μg/mL、0.40μg/mL、0.80μg/mL、1.60μg/mL、2.00μg/mL，铅的质量浓度分别为0、0.50μg/mL、1.00μg/mL、2.00μg/mL、4.00μg/mL、5.00μg/mL，铬的质量浓度分别为0、0.20μg/mL、0.40μg/mL、0.80μg/mL、1.60μg/mL、2.00μg/mL。

测定前，根据待测元素性质和仪器性能，进行氩气流量、观测高度、射频发生器功率、积分时间等测量条件优化。然后，用等离子体发射光谱仪在各元素特征波长处（镉：214.439 nm，铅：220.353nm，铬：267.716nm) 测定各标准溶液的辐射强度。以各标准溶液的质量浓度（μg/mL）为横坐标，相应的辐射强度为纵坐标，绘制工作曲线。也可根据不同仪器灵敏度调整标准曲线的质量浓度。

（4）测定

试样溶液直接（或适当稀释后）在与测定标准系列溶液相同的条件下测定试样溶液的荧光强度，在工作曲线上查出相应汞、砷的质量浓度。

（5）空白试验

除不加试样外，其他步骤同试样溶液的测定。

4.6.5 结果计算

汞（Hg）或砷（As）的含量ω以质量分数（mg/kg）表示，按下式计算：

$$\omega=\frac{(c-c_0)\times D\times 50}{m\times 10^3} \tag{4-6}$$

式中：

c——由工作曲线查出的试样溶液汞或砷的质量浓度，单位为ng/mL；

c_0——由工作曲线查出的空白溶液汞或砷的质量浓度，单位为ng/mL；

D——测定时试样溶液的稀释倍数；

50——试样溶液的体积，单位为mL；

m——试料的质量，单位为g；

10^3——将克换算成毫克的系数。

取平行测定结果的算术平均值为测定结果，结果保留到小数点后1位。

铬、铅、镉元素含量ω以质量分数（mg/kg）表示，按下式计算：

$$\omega=\frac{(c-c_0)\times D\times 50}{m} \tag{4-7}$$

式中

c——由工作曲线查出的试样溶液中待测元素的质量浓度，单位为ug/mL；

c_0——由工作曲线查出的空白溶液的中待测元素的质量浓度，单位为ug/mL；

D——测定时试样溶液的稀释倍数；

50——试样溶液的体积，单位为mL；

m——试料的质量，单位为g。

取平行测定结果的算术平均值为测定结果，结果保留到小数点后1位。

误差要求：

平行测定结果的相对相差应符合表4-6的要求。

表4-6　汞、砷、镉、铬、铅含量允许的相对相差

汞的质量分数（mg/kg）	砷的质量分数（mg/kg）	镉的质量分数（mg/kg）	铬的质量分数（mg/kg）	铅的质量分数（mg/kg）	相对相差（%）
$0.2\leqslant\omega<2.5$	$0.5\leqslant\omega<5.0$	$0.5<\omega<5.0$	$10.0<\omega<20.0$	$5.0<\omega<10.0$	$\leqslant 50$
$2.5\leqslant\omega\leqslant 4.0$	$5.0\leqslant\omega\leqslant 8.0$	$5.0\leqslant\omega\leqslant 8.0$	$20.0\leqslant\omega\leqslant 40.0$	$10.0\leqslant\omega\leqslant 40.0$	$\leqslant 30$
$\omega>4.0$	$\omega>8.0$	$\omega>8.0$	$\omega>40.0$	$\omega>40.0$	$\leqslant 10$

注：相对相差为两次测量值相差与二次测量值平均值之比。

4.6.6　注意事项

（1）试样在上机前最好再摇匀1次，可使测定结果更加稳定。

（2）为使消解更加充分，消解过程中可缓慢摇晃试样数次。

（3）消煮过程中注意勿蒸干试样，如试样溶液长时间难以蒸发，可移开表面皿加速消煮速度。

（4）载流盐酸溶液［4.6.2（4）］及硼氢化钾溶液［4.6.2（8）］可根据自身仪器调整，以所用仪器要求为准，可咨询仪器工程师。

（5）操作中要注意检查全程序的试剂空白，发现污染后应重新处理，每次消煮后的容器应清洗后用20%～30%硝酸溶液浸泡24h以上，再用水清洗干净待下次使用。

第5章 CHAPTER 5

水溶肥料测定方法

5.1 水溶肥料中总氮含量的测定——蒸馏法

本方法规定了水溶肥料中总氮含量的测定方法。本方法适用于液体或固体水溶肥料中总氮含量的测定。

5.1.1 方法原理

在碱性介质中用定氮合金将硝态氮还原，直接蒸馏出氨；或在酸性介质中还原硝酸盐成铵盐，在混合催化剂存在下，用浓硫酸消化，将有机态氮或酰胺态氮和氰氨态氮转化为铵盐，从碱性溶液中蒸馏氨。将氨吸收在过量硫酸溶液中，在甲基红－亚甲基蓝混合指示剂存在下，用氢氧化钠标准滴定溶液返滴定。

5.1.2 试剂

本标准中所用试剂、溶液和水，在未注明规格和配制方法时，均应符合HG/T 2843的规定。

（1）硫酸

$\rho(H_2SO_4)=1.84g/cm^3$，分析纯。

（2）盐酸

$\rho(HCl)=1.19g/cm^3$，分析纯。

（3）铬粉

细度小于250μm。

（4）定氮合金（Cu50%、Al45%、Zn5%）

细度小于850μm。

（5）硫酸钾（K_2SO_4）

分析纯。

（6）五水硫酸铜

分析纯。

（7）混合催化剂

将100g硫酸钾和5g五水硫酸铜充分混合，并仔细研磨。

（8）氢氧化钠溶液［c(NaOH)=400g/L］

质量－体积浓度，准确称取氢氧化钠（分析纯）40g，溶于100mL水中，不断进行搅拌。操作在通风橱内进行。

（9）氢氧化钠标准滴定溶液［c(NaOH)=0.5mol/L］

配制和标定按GB/T 601—2016的规定进行。

（10）硫酸溶液［$c(1/2H_2SO_4)$=1mol/L］

量取浓硫酸27.8mL，缓缓加入盛有800mL左右水的烧杯中，不断搅拌，冷却后再加水定容至1000mL。

（11）甲基红－亚甲基蓝混合指示剂

称取0.10g甲基红和0.05g亚甲基蓝溶于50mL95%乙醇溶液中。

5.1.3 仪器

通常实验室用仪器、消化仪器、凯氏定氮仪。

5.1.4 分析步骤

做2份试料的平行测定。

（1）试样的制备

固体样品经多次缩分后，取出约100g，将其迅速研磨至全部通过0.5mm孔径筛（如样品潮湿，通过1.00mm孔径筛即可），混合均匀，置于洁净、干燥容器中；液体样品经多次摇动后，迅速取出100mL，置于洁净、干燥容器中。

（2）试料处理与蒸馏

从试样中称取总氮含量不大于235mg，硝酸态氮含量不大于60mg的试料0.5～2.0g（精确至0.000 1g）于蒸烧管中。

①仅含铵态氮的试样：加入约50mL水，摇动使试料溶解。于接收器三角瓶中加入20mL硫酸溶液［5.1.2（10）］，4～5滴混合指示剂［5.1.2（11）］，并加适量水以保证密封气体出口，将蒸馏管连接在定氮仪装置上，加入20mL氢氧化钠溶液［5.1.2（8）］，蒸馏3～6min。用pH试纸检查冷凝管出口的液滴，如无碱性结束蒸馏。

②含硝态氮和铵态氮的试样：于蒸馏管中加入50mL水，摇动使试料溶解，加入定氮合金3g和防爆沸物，连接于定氮仪上。蒸馏过程除加入20mL氢氧化钠液［5.1.2（8）］后静止10min后再加热外，其余步骤同5.1.4（2）①。

③含酰胺态氮和铵态氮的试样：将蒸馏管置于通风中，加入0.5g五水硫酸铜［5.1.2（6）］和10mL浓硫酸［5.1.2（1）］，插上玻璃漏斗，置于消煮炉上，加热至硫酸冒白烟20min后停止，待蒸馏管冷却至室温后取。蒸馏过程除加入50mL氢氧化钠溶液［5.1.2（8）］外，其余步骤同5.1.4（2）①。

④含有机物、酰胺态氮和铵态氮的试样：将蒸馏管置于通风中，加入一小勺混合催化剂，小心加入10mL浓硫酸［5.1.2（1）］，插上玻璃漏斗，置于消煮炉上加热，加热至试样溶液无色透明或呈灰白色后停止，待蒸馏管冷却至室温后取下。蒸馏过程除加入50mL氢氧化钠溶液［5.1.2（8）］外，其余步骤同5.1.4（2）①。

⑤含硝态氮、酰胺态氮和铵态氮的试样：在通风橱中，于蒸馏管中加入10mL水，摇动使试料溶解，加入铬粉1.2g［5.1.2（3）］，盐酸［5.1.2（2）］7mL，静置5min，插上玻璃漏斗。置于消煮炉上，加热至沸腾并泛起泡沫后2～3min，冷却至室温，加入0.5g五水硫酸铜［5.1.2（6）］和10mL浓硫酸［5.1.2（1）］，继续加热，不断摇动蒸馏管，保证管内溶液不沉积结块。至硫酸冒白烟20min后停止，待蒸馏管冷却至室温后取下。蒸馏过程除加入60mL氢氧化钠溶液［5.1.2（8）］外，其余步骤同5.1.4（2）①。

⑥含有机物、硝态氮、酰胺态氮和铵态氮的试样：

在通风橱中，于蒸馏管中加入10mL水，摇动使试料溶解，加入铬粉［5.1.2（3）］1.2g，盐酸［5.1.2（2）］7mL，静置5min，插上玻璃漏斗。置于消煮炉上，加热至沸腾并泛起泡沫后2～3min，冷却至室温，加入一小勺混合催化剂［5.1.2（7）］，和10mL浓硫酸［5.1.2（1）］，插上玻璃漏斗，浸泡过夜。次日继续加热，不断摇动蒸馏管，保证管内溶液不沉积结块。消化60min后停止，待蒸馏管冷却至室温后取下。蒸馏过程除加入60mL氢氧化钠溶液［5.1.2（8）］外，其余步骤同5.1.4（2）①。

（3）滴定

用氢氧化钠标准滴定溶液［5.1.2（9）］返滴定过量硫酸至混合指示剂呈现灰绿色为终点。

（4）空白试验

在测定的同时，按同样操作步骤，使用同样的试剂但不含试料进行空白试验。

5.1.5 结果计算

总氮含量，以质量分数ω（%）表示，按下式计算：

$$\omega=\frac{c\times(V_0-V_2)\times 0.01401\times 100}{m} \tag{5-1}$$

式中：

V_0——空白试验时，使用氢氧化钠标准滴定溶液的体积，单位为mL；

V_2——样品试验时，使用氢氧化钠标准滴定溶液的体积，单位为mL；

c——测定及空白试验时，使用氢氧化钠标准滴定溶液的浓度的准确数值，单位为mol/L；

0.01401——氮的毫摩尔质量，单位为g/mmol；

m——试料的质量，单位为g。

计算结果精确到小数点后2位，取平行测定结果的算术平值均值作为测定结果。

误差要求：

平行测定结果的绝对差值不大于0.30%；不同实验室测定结果的绝对差值不大于0.50%。

液体肥料氮含量以质量浓度c(g/L) 表示，按下式计算：

$$c(N)=10\omega\rho \tag{5-2}$$

式中：

ω——试样中氮的质量分数，单位为%；

ρ——液体试样的密度，单位为g/mL。

密度的测定按NY/T 887的规定执行。

结果保留到小数点后1位。

5.1.6 注意事项

与复混肥注意事项同。

5.2 水溶肥料磷含量的测定

5.2.1 方法原理

试样溶液中正磷酸根离子在酸性介质中与喹钼柠酮试剂生成黄色磷钼酸喹啉沉淀，用磷钼酸喹啉重量法测定磷的含量。

5.2.2 试剂

本方法中所用试剂、水和溶液的配制，在未注明规格和配制方法时，均应按HG/T 2843的规定执行。

（1）硝酸溶液 [$c(HNO_3)$=0.1mol/L]

分析纯。

（2）硝酸溶液

体积比为1 ∶ 1。

（3）喹钼柠酮试剂

溶液A，溶解70g钼酸铵于100mL水中；溶液B，溶解60g柠檬酸于100mL水中，加85mL硝酸；溶液C，在不断搅拌下，将溶液A缓慢加入溶液B中，混匀；溶液D，取5mL喹啉，溶于35mL硝酸和100mL水的混合液中。在不断搅拌下，将溶液D缓慢加入溶液C中，混匀后放置暗处过夜后，用滤纸过滤，滤液加入280mL丙酮，用水稀释至1L，摇匀，贮于聚乙烯瓶中，放置暗处，避光避热。

5.2.3 仪器

通常试验室仪器。恒温干燥箱温度可控制在（180±2）℃。玻璃坩埚式滤器：4号，容积为30mL。

5.2.4 分析步骤

（1）试样的制备

固体样品经过多次缩分后，取出约100g将其迅速研磨至全部通过0.50mm孔径筛（如样品潮湿，通过1.00mm孔径筛即可），混合均匀，置于洁净、干燥容器中；液体样品经过多次动摇后，迅速取出约100mL，置于洁净、干燥容器中。

(2) 试样溶液的制备

称取含有五氧化二磷250 ~ 500mg的试样1 ~ 4g（精确至0.000 1g），置于250mL容量瓶中，加入50mL硝酸溶液 [5.2.2 (1)]，充分溶解，用水定容，混匀后干过滤，弃去最初几毫升滤液，滤液待测。

(3) 测定

吸取10.00mL试样溶液，置于500mL烧杯中，加入10mL硝酸溶液 [5.2.2 (2)]，用水稀释至100mL。盖上表面皿，在电炉上加热至沸取下烧杯，加入35mL喹钼柠酮试剂 [5.2.2 (3)]，盖上表面皿，在电热板上微沸1min或置于近沸水浴中保温至沉淀分层，取出烧杯，用少量水冲洗表面皿，冷却至室温。

用预先在（180 ± 2)℃干燥箱内干燥至恒重的玻璃坩埚式滤器过滤，先将上层清液滤完，然后用倾泻法洗涤沉淀1 ~ 2次（每次用水约25mL)。将沉淀全部转移至滤器中，滤干后再用水洗涤沉淀多次（所用水共125 ~ 150mL)。将沉淀连同滤器置于（180 ± 2)℃干燥箱内，待温度达到180℃后，干燥45min，取出移入干燥器内，冷却至室温，称重。

(4) 空白试验

除不加试样外，其他步骤同试样溶液的测定。

5.2.5 结果计算

(1) 磷（以五氧化二磷计）含量以质量分数ω（%）表示，按下式计算：

$$\omega=\frac{(m_1-m_2)\times 250\times 0.03207}{m\times 10}\times 100 \tag{5-3}$$

式中：

m_1——磷钼酸喹啉沉淀的质量，单位为g；

m_2——空白试验磷钼酸喹啉沉淀的质量，单位为g；

m——试料的质量，单位为g；

250——试样溶液的体积，单位为mL；

10——分取的试样溶液的体积，单位为mL；

0.03207——磷钼酸喹啉质量换算为五氧化二磷质量的系数。

取平行测定结果的算数平均值为测定结果，结果精确到小数点后2位。

误差要求：

平行测定结果的绝对差值不大于0.30%。不同实验测定结果的绝对差值不大于0.50%。

(2) 液体肥料磷（以五氧化二磷计）含量$c(P_2O_5)$，以质量浓度（g/L）表示，按下式计算：

$$c(P_2O_5)=10\omega\rho \tag{5-4}$$

式中：

ω——试样中磷的质量分数，单位%；

ρ——液体试样的密度，单位为g/mL。

密度的测定按NY/T 887的规定执行。

结果精确到小数点后1位。

5.2.6 注意事项

与复混肥注意项同。

5.3 水溶肥料中总钾含量的测定

5.3.1 方法原理

在弱碱性溶液中，四苯硼酸钠溶液与试样溶液中的钾离子生成四苯硼酸钾沉淀，将沉淀过滤、干燥及称重。为防止阳离子干扰，可预先加入适量的乙二胺四乙酸二钠盐（EDTA），使阳离子与乙二胺四乙酸二钠盐络合。

5.3.2 试剂

本方法中所用试剂、溶液和水，在未注明规格和配制方法时，均应符合HG/T 2843的规定。

（1）乙二胺四乙酸二钠盐溶液［c(EDTA)=40g/L］

分析纯。

（2）氢氧化钠溶液［c(NaOH)=400g/L］

400g氢氧化钠，于通风橱内，加水缓慢溶解定容至1L。

（3）氯化镁溶液［$c(MgCl_2 \cdot 6H_2O)$=100g/L］

分析纯。称取氯化镁试剂100g，溶于1 000mL水中。

（4）四苯硼酸钠溶液{$c[(C_6H_5)_4BNa]$=15g/L}

称取15g四苯硼钠溶解于960mL水中，加4mL氢氧化钠溶液［5.3.2（2）］和20mL［5.3.2（3）］六水氯化镁溶液，搅拌15min定容，静置过夜后过滤。储存于棕色瓶或塑料瓶中，不超过1个月，如浑浊使用滤纸过滤。

（5）四苯硼酸钠洗涤液{$c[(C_6H_5)_4BNa]$=1.5g/L}

将试剂［5.3.2（4）］吸取10mL到100mL容量瓶内，混匀定容。

（6）酚酞乙醇溶液（5g/L）

溶解0.5g酚酞于100mL95%（质量分数）乙醇中。

5.3.3 仪器

通常实验室仪器、玻璃坩埚式滤器（4号，30mL）、干燥箱［(120±2)℃］。

5.3.4 分析步骤

（1）试样制备

固体样品经多次缩分后，取出约100g，将其迅速研磨至全部通过0.50mm孔径筛（如样品潮湿，通过1.00mm孔径筛即可），混合均匀，置于洁净、干燥容器中；液体样品经多次摇动后，迅速取出约100mL，置于洁净、干燥容器中。

（2）试样溶液制备

①固体试样：称取含氧化钾的400mg的试样1 ～ 5g（精确至0.000 1g），置于400mL烧杯中，加约150mL水，加热煮沸30min冷却，转移到250mL容量瓶中，用水定容，混匀，干过滤，除去最初几毫升滤液，滤液待测。

②液体试样：称取含氧化钾约400mg的试样1 ～ 10g（精确至0.000 1g）于250mL容量瓶中，用水定容，混匀，干过滤，弃去最初几毫升滤液，滤液待测。

（3）测定

吸取一定体积的试样溶液，置于300mL烧杯中，加40mL EDTA溶液［5.3.2（1）］（含阳离子过多时可适量多加），加2 ～ 3滴酚酞溶液［5.3.2（6）］，滴加氢氧化钠溶液［5.3.2（2）］至红色出现时，再过量1mL，盖上表面皿。在通风柜内慢加热煮沸15min，取下烧杯，用少量水冲洗表面皿，冷却至室温。若红色消失，再用氢氧化钠溶液［5.3.2（2）］调至红色。在不断搅拌下，往试样溶液中逐滴加入四苯酸钠溶液［5.3.2（4）］，1mg氧化钾加0.5mL四苯硼酸钠，并过量约7mL，继续拌1min，静置15 ～ 30min。

用预先在（120±2)℃干燥箱内干燥至恒重的玻璃坩埚式滤器抽滤，先将上层清液滤完，然后用倾泻法将沉淀全部转移至滤器中，转移沉淀所用四苯硼酸钠洗涤液［5.3.2（5）］共20 ～ 40mL，滤干后再用四苯硼酸钠洗涤液［5.3.2（5）洗涤沉淀5 ～ 7次，每次用量约5mL，最后用水洗涤2次，每次用量约5mL。将沉淀连同滤器置于（120±2)℃干燥箱内，待温度达到120℃后，干燥1.5h，取出移入干燥器内，冷却至室温，称量。

注：坩埚清洗时，若沉淀不易洗去，可用丙酮清洗。

（4）空白试验

除不加试样外，其他步骤与试样溶液的测定同。

5.3.5 结果计算

钾（以氧化钾计）含量，以质量分数ω（%）表示，按下式计算：

$$\omega=\frac{(m_1-m_2)\ \times 0.1314}{m_0\times 25/250}\times 100=\frac{(m_1-m_2)\ \times 131.4}{m_0} \tag{5-5}$$

式中：

m_2——四苯硼酸钾沉淀的质量，单位为g；

m_1——空白试验所得四苯硼钠钾沉淀的质量，单位为g；

0.13140——四苯硼酸钾质量换算为氧化钾质量的系数；

m_0——试料的质量的数值，单位为g；

25——吸取试样溶液体积的数值，单位为mL；

250——试样溶液总体积的数值，单位为mL。

计算结果精确到小数点后2位，取平行测定结果的算术平均值作为测定结果。

误差要求：

平行测定结果的相差见表5-1。

表5-1 钾含量测定的相差允许差值

钾的质量分数（以K_2O计，%）	平行测定允许差值（%）	不同实验室测定允许差值（%）
<10.0	≤0.20	≤0.40
10.0 ~ 20.0	≤0.30	≤0.60
>20.0	≤0.40	≤0.80

质量浓度的换算：

液体肥料钾（以氧化钾计）含量（K_2O）以质量浓度c（g/L）表示，按下式计算：

$$c\ (K_2O)=10\omega\rho \tag{5-6}$$

式中：

ω——试样中氧化钾的质量分数，单位为%；

ρ——液体试样的密度，单位为g/mL。

密度的测定按NY/T 887的规定执行。

结果保留到小数点后1位。

5.3.6 注意事项

与复混肥料中钾的测定同。

5.4 水溶肥料中有机质含量的测定

5.4.1 方法原理

用定量的重铬酸钾－硫酸溶液氧化试样中的有机碳，剩余的重铬酸钾用硫酸亚铁标准溶液滴定。以试剂空白为基准，根据试样氧化前后氧化剂消耗体积，计算出有机碳含量，经过碳系数的换算得到有机质含量。

5.4.2 试剂

（1）重铬酸钾

分析纯。

（2）重铬酸钾

优级纯。

（3）浓硫酸［$\rho(H_2SO_4)=1.84g/cm^3$］

分析纯。

（4）硫酸亚铁

分析纯。

（5）邻菲啰啉指示剂

称取邻菲啰啉1.490g溶于含有0.700g硫酸亚铁［5.4.2（4）］的100mL水溶

液中，密闭保存于棕色瓶中。

(6) 重铬酸钾溶液 [$c(1/6K_2Cr_2O_7)$=1mol/L]

称取重铬酸钾（分析纯）49.031g，溶于500mL水中（必要时可加热溶解），冷却，定容至1L，摇匀。

(7) 重铬酸钾标准溶液 [$c(1/6K_2Cr_2O_7)$=0.200 0mol/L]

称取经120℃烘至恒重的重铬酸钾（优级纯）9.807g，用水溶解，定容至1L，摇匀。

(8) 硫酸亚铁标准滴定溶液 [$c(FeSO_4 \cdot 7H_2O)$=0.2mol/L]

称取硫酸亚铁 [5.4.2（4）] 56g溶于600 ~ 800mL蒸馏水中，加入20mL硫酸 [5.4.2（3）]，定容至1L，贮于棕色瓶中保存。硫酸亚铁溶液在空气中易被氧化，使用时应标定准确浓度。

(9) 硫酸亚铁标准溶液的标定 [$c(FeSO_4)$=0.2mol/L]

吸取10mL重铬酸钾标准溶液 [5.4.2（7）] 于200mL三角瓶中，加入3mL硫酸 [5.4.2（3）] 和邻菲啰啉指示剂 [5.4.2（5）] 2 ~ 4滴用硫酸亚铁标准溶液滴定。根据消耗硫酸亚铁标准溶液的体积，按下式计算硫酸亚铁标准溶液浓度c：

$$c=\frac{c_1 \times V_1}{V_1} \tag{5-7}$$

式中：

c——硫酸亚铁标准溶液的浓度，单位为mol/L；

c_1——重铬酸钾标准溶液的浓度，单位为mL；

V_1——重铬酸钾标准溶液的浓度体积，单位为mL；

V_2——滴定时消耗的硫酸亚铁溶液的体积，单位为mL。

5.4.3 仪器

磨口三角瓶、电沙浴。

5.4.4 分析步骤

(1) 固体试样

称取试样0.5 ~ 1.0g（精确至0.000 1g）于100mL烧杯中，加入少量水，用玻璃研磨使其溶解，溶液转移至100mL容量瓶，用水定容，混用。

(2) 液体试样

称取试样1 ~ 2g（精确至0.000 1g）于100mL溶量瓶中，用水定容，混用。

(3) 试样溶液的氧化

混匀后立即吸取5.0mL试样溶液（均匀混浊液）于200mL磨口三角瓶中，加入5.0mL重铬酸钾溶液 [5.4.2（6）] 和10.00mL硫酸 [5.4.2（3）]。将三角瓶与简易空气冷凝管连接，置于已预热到200 ~ 230℃的电浴上加热。当简易空气冷凝管下端落下第一滴冷凝液时开始计时，氧化（10±0.5)min。取下三角瓶，冷却。用水冲洗冷凝管内壁，使三角瓶中溶液体积约为120mL。

（4）滴定

向三角瓶中加入2～4滴邻菲啰啉指示剂［5.4.2（5）］，用硫酸亚铁标准滴定溶液［5.4.2（8）］滴定剩余的重铬酸钾。溶液的变色过程经橙黄—蓝绿—棕红，即达终点（图4-18～图4-24）。

如果滴定所消耗的体积不到滴定空白所消耗体积的1/3时，则应减少试样称样量，重新测定。

（5）空白试验

以5mL水代替试样溶液，其他步骤同试样溶液的测定。2次空白试验的滴定绝对差值≤0.06mL时，才可取平均值，代入计算公式。

5.4.5 结果计算

有机质含量用质量分数ω（%）表示，按下式计算：

$$\omega=\left[\frac{(V_1-V_2)\times c\times D\times 0.003}{m}\times 100-\frac{\omega_1}{12}\right]\times 1.724 \qquad (5\text{-}8)$$

式中：

V_1——测定空白消耗的硫酸亚铁标准滴定溶液的体积，单位为mL；

V_2——测定试样时消耗的硫酸亚铁标准滴定溶液的体积，单位为mL；

c——硫酸亚铁标准滴定的溶液的浓度，单位为mol/L；

D——测定时试样溶液的稀释倍数；

0.003——与1.00mL硫酸亚铁标准滴定溶液相当于克表示的碳的质量；

ω_1——试样中氯离子含量，单位为%；

1/12——与1%氯离子相当的有机碳的质量分数；

1.724——有机碳换算为有机质的系数；

m——试料的质量，单位为g。

误差要求：

平行测定结果的相对相差应符合表5-20。

表5-20 平行测定结果的相对相差

有机质的质量分数（%）	相对相差（%）
≤5.00	≤30
＞5.00	≤20

5.4.6 注意事项

若使用油浴孔状电加热装置进行氧化，需保证加热玻璃仪器露出热源部分至少20cm，并加盖漏斗。

5.5 水溶肥料中腐殖酸含量的测定

5.5.1 方法原理

试样溶液中的腐殖酸在酸性条件下定量沉淀，其他非腐殖酸类碳、氯离子及低价金属离子等干扰测定的物质留存于溶液中。弃去溶液后用定量的重铬酸钾－硫酸溶液氧化沉淀中的有机碳，剩余的重铬酸钾用硫酸亚铁标准滴定溶液滴定。以试剂空白为基准根据试样氧化前后氧化剂消耗量，计算出有机碳量，经过碳系数的换算得到试样腐殖酸含量。

5.5.2 试剂

（1）邻菲啰啉指示剂

称取硫酸亚铁0.700g和邻菲啰啉1.490g溶于100mL水中，摇匀放置棕色瓶中备用。

（2）硫酸［$c(H_2SO_4)$=2mol/L］溶液

21.74mL浓硫酸（分析纯，ρ=1.84g/cm^3）缓慢加入200mL容量瓶中，以水定容摇匀。

（3）氢氧化钠［c(NaOH)=0.1mol/L］溶液

称取4g氢氧化钠，加水溶解，定容至1L。通风橱内操作。

（4）重铬酸钾溶液［$c(1/6K_2Cr_2O_7)$=1mol/L］

称取重铬酸钾（分析纯）49.031g，溶于500mL水中（必要时可加热溶解），冷却，定容至1L，摇匀。

（5）重铬酸钾标准溶液［$c(1/6K_2Cr_2O_7)$=0.200 0mol/L］

称取经120℃烘至恒重的重铬酸钾（工作基准试剂）9.807g，用水溶解，定容至1L，摇匀。

（6）硫酸亚铁标准滴定溶液

称取硫酸亚铁56g溶于600～800mL蒸馏水中，加入20mL硫酸（分析纯），定容至1L，贮于棕色瓶中保存。硫酸亚铁溶液在空气中易被氧化，使用时应标定准确浓度。

（7）硫酸亚铁标准滴定溶液的标定

吸取20.0mL重铬酸钾标准溶液［5.5.2（5）］，置于250mL三角瓶中，加入3mL硫酸和邻菲啰啉指示剂［5.5.2（1）］3～5滴，用硫酸亚铁溶液滴定，根据其消耗体积计算硫酸亚铁标准滴定的数。

5.5.3 仪器

离心机（4 000r/min），恒温水浴锅，温度可控制在（100±2)℃，50mL聚四氟乙烯或圆底玻璃离心管。

5.5.4 分析步骤

（1）固体试样

称取固体试样约0.5g（精确至0.000 1g）于50mL烧杯中，加水约10mL，用玻璃棒搅拌后静置片刻，将溶液部分转入100mL容量瓶中。再向烧杯中加水约10mL，重复此步骤3次。残渣部分加入1mL氢氧化钠溶液［5.5.2（3）］，搅拌使其溶解，转入容量瓶中，用水定容，混匀。

（2）液体试样

液体试样称取2 ～ 3g（精确至0.000 1g）至100mL容量瓶中，加入1mL氢氧化钠溶液［5.5.2（3）］及少量水，充分溶解后，定容，混匀。

（3）试样溶液中腐殖酸的沉淀

准确移取均匀试样溶液5.0mL于离心管中，加入5mL硫酸溶液［5.5.2（2）］，混匀。放入离心机中以3 000 ～ 4 000r/min的转速离心10min（若溶液中仍有固体漂浮物，需延长离心时间至固体全部沉淀），倒去上层清液（图5-1 ～图5-3）。

图5-1　离心1

图5-2　离心2

（4）腐殖酸的氧化

向离心管中加入5.0mL重铬酸钾溶液［5.5.2（4）］，缓慢加入5mL硫酸，轻摇离心管使内物混合均匀。将离心管放在管架上，盖上漏斗，置于沸腾的水浴中加热30min，取出，冷却，将内物转移至250mL三角瓶中，体积应控制在60 ～ 80mL（图5-4）。

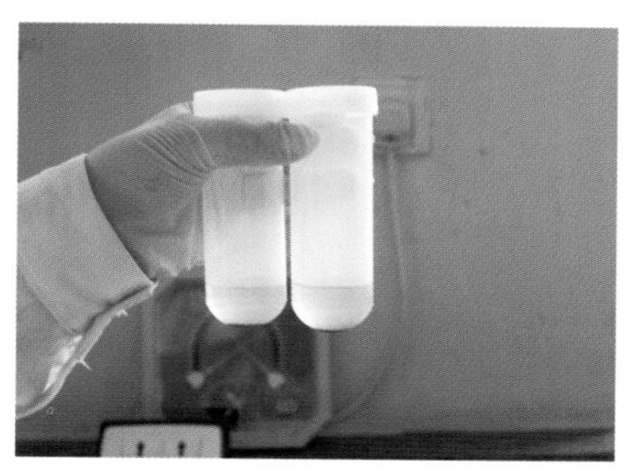

图5-3　上清液（弃去）

（5）滴定

向三角瓶中加入3 ～ 5滴邻菲啰啉指示

图5-4　氧化后液体

剂［5.5.2（1）］，用硫酸亚铁标准溶液［5.5.2（6）］滴定剩余的重铬酸钾。溶液的变色过程经橙黄—蓝绿—砖红，即达终点（图5-5～图5-8）。如果滴定所消耗的体积不到滴定空白所耗体积的1/3，则应减少试样称样量，重新测定。

图5-5　滴定（橙黄）

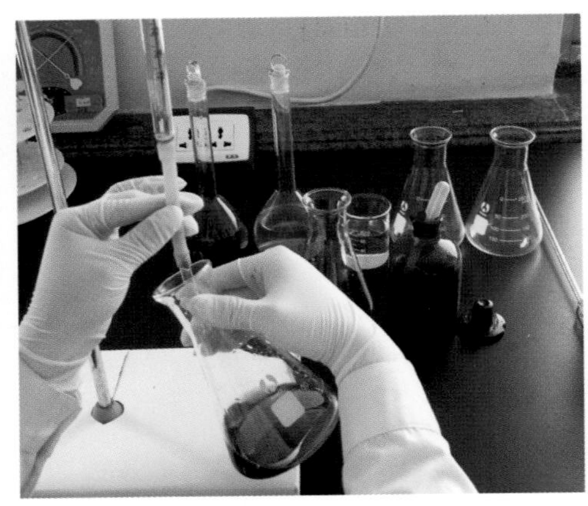

图5-6　滴定（蓝绿）

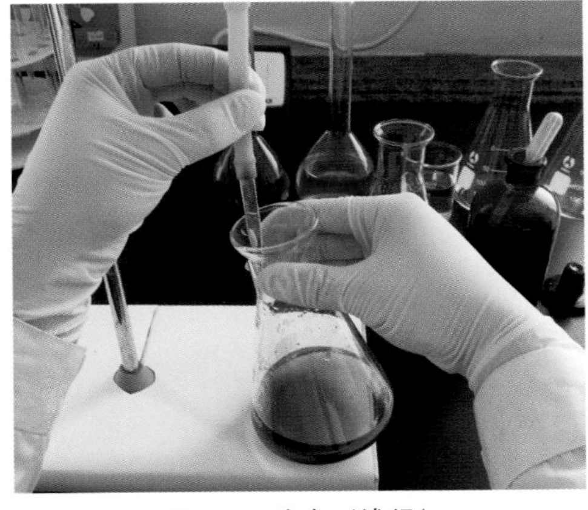

图5-7　滴定（浅绿）

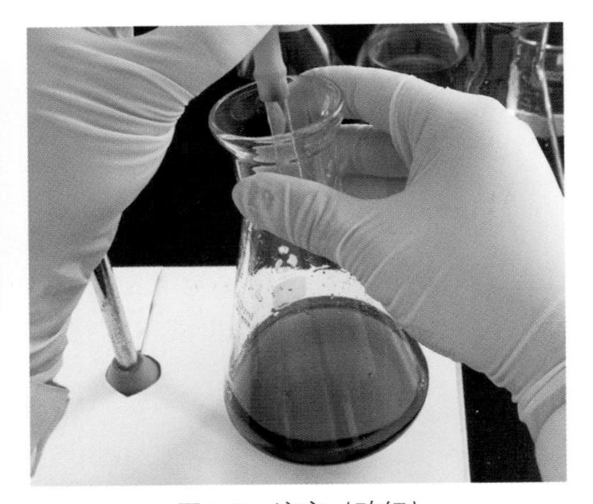

图5-8　滴定（砖红）

（6）空白试验

除不加试样外，其他步骤与试样溶液的测定同。2次空白试验的滴定绝对差值<0.06mL时，才可取平均值，代入计算公式。

5.5.5 结果计算

腐殖酸含量以质量分数ω（%）表示，按下式计算：

$$\omega=\frac{(V_0-V_1)\times D\times c\times 1.724\times 0.003\times 1.43}{m}\times 100 \tag{5-9}$$

式中：

c——测定试样及空白实验时，使用硫酸亚铁标准滴定溶液的浓度，单位为mol/L；

V_0——空白实验时，消耗硫酸亚铁标准滴定溶液的体积，单位为mL；

V_1——测定试样时，消耗硫酸亚铁标准滴定溶液的体积，单位为mL；

0.003——与1.00mL硫酸亚铁标准滴定溶液［$c(FeSO_4)$=1.000mol/L］相当的以克表示的碳的质量；

D——测定时试样溶液的稀释倍数；

1.724——有机碳换算为有机质的系数；

1.43——氧化校正系数1.3与腐殖酸沉淀系数1.1之乘积；

m——试料的质量，单位为g。

取平行测定结果的算术平均值为测定结果，结果保留3位有效数字。

误差要求：

平行测定结果的相对相差值应符合要求。

腐殖酸质量分数≤5.00%，相对相差≤20%；腐殖酸质量分数>5.00%，相对相差≤10%。

注：相对相差为2次测量值相差与2次测量值平均值之比。

质量浓度的换算：

液体肥料腐殖酸含量以质量浓度c（g/L）表示，按下式计算：

$$c\text{（腐殖酸）}=10\omega\rho \tag{5-10}$$

式中：

ω——试样中腐殖酸的质量分数，单位为%；

ρ——液体试样的密度，单位为g/mL。

密度测定按NY/T 887规定执行。结果保留3位有效数字。

5.5.6 注意事项

（1）试验中离心机转速在3 000 ～ 4 000r/min且离心10min以上，否则会导致肥料试样上浮，提取不完全。

（2）在样品滴定快到砖红色终点时应放慢速度，半滴加入，注意变色点。

（3）氧化时不易放入普通的离心管，如不是聚乙烯或耐高温的离心管，空白易高，导致结果计算不准确。

（4）邻菲罗啉指示剂不易长时间放置，否则导致滴定时变色点滞后。

（5）硫酸亚铁液体不稳定，必须现做现标定，2人8次标定，准确率更高。

5.6 水溶肥料中水不溶物测定

本方法适用于液体或固体水溶肥料中水不溶物含量和pH的测定。

5.6.1 方法原理

试样经水溶解或稀释后，用重量法测定不溶性残渣的含量。

5.6.2 试剂

本方法中所用水应符合GB/T 6682三级水的规定。

5.6.3 仪器

通常实验室仪器：玻璃坩埚式过滤器（图5-9、图5-10）（G1号，容积为30mL）、减压抽滤装置、干燥箱［温度控制在（110±2)℃］。

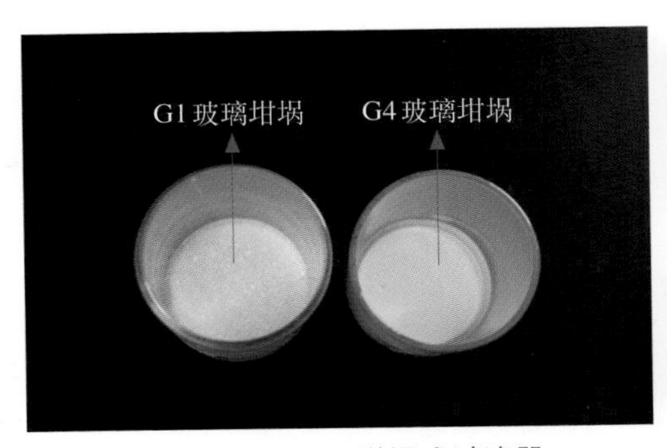

图5-9 G1、G4坩埚式过滤器

图5-10 坩埚正面

5.6.4 分析步骤

（1）样品的制备

固体样品经多次缩分后，取出约100g，将其迅速研磨至全部通过0.50mm孔径筛（如样品潮湿，通过1.00mm筛子即可），混合均匀，置于洁净、干燥的容器中；液体样品经多次摇动后，迅速取出约100mL置于洁净、干燥的容器中。

（2）测定

称取1g试样（精确至0.001g），置于烧杯中，加入250mL水，充分搅拌3min（图5-11）。用预先在干燥箱［(110±2)℃］中干燥至恒重的玻璃坩埚式过滤器抽滤（图5-12），用尽量少的水将残渣全部移入过滤器中（图5-13）。将带有残渣的过滤器置于干燥箱［(110±2)℃］内，待温度达到110℃后，干燥1h（图5-14），取出移入干燥器内，冷却至室温，称量（图5-15）。

（3）空白试验

除不加试样外，其他步骤同试样溶液的测定。

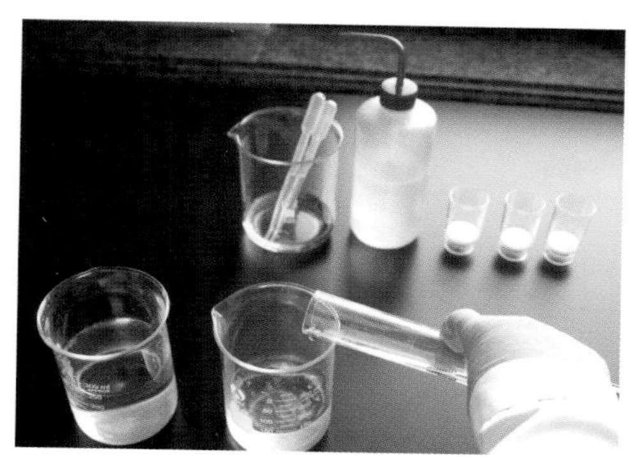

图5-11 称样加水

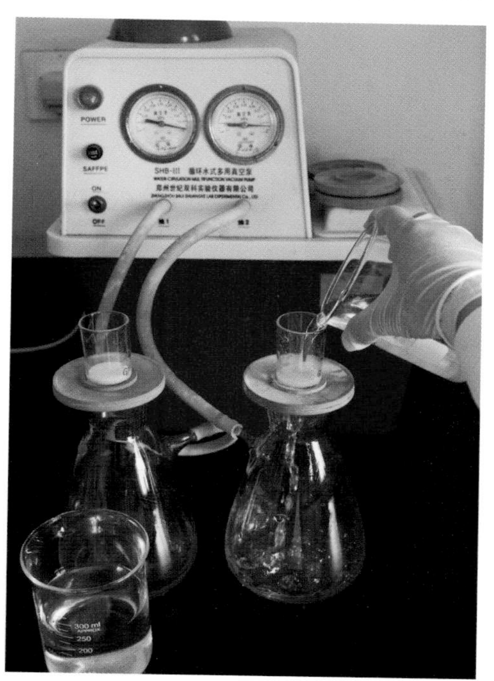

图5-12 过滤样品

图5-13 残渣状态

图5-14 样品干燥

图5-15 冷却样品

注：过滤器使用后需进行洗涤处理，可用重铬酸钾－浓硫酸洗涤液浸泡过夜，再用自来水反复冲洗，去离子水抽滤后备用。

5.6.5 结果计算

水不溶物含量以质量分数ω（%）表示，按下式计算：

$$\omega=\frac{(m_1-m_2)}{m}\times 100 \tag{5-11}$$

式中：

m_1——水不溶物的质量，单位为g；

m_2——空白试验水不溶物的质量，单位为g；

m——试料的质量，单位为g。

取平行测定结果的算术平均值为测定结果，结果保留到小数点后2位。

误差要求：

平行测定结果的绝对差值应符合表5-3。

表5-3 水不溶物的质量分数的绝对差值

水不溶物质量分数（ω，%）	绝对差值（%）
$\omega \leqslant 2.0$	≤0.30
$\omega > 2.0$	≤0.40

质量浓度的换算：

液体肥料水不溶物含量以质量浓度c（g/mL）表示，按下式计算：

$$c\text{（水不溶物）}=10\omega\rho \tag{5-12}$$

式中：

ω——试样中水不溶物的质量分数，单位为%；

ρ——液体试样的密度，单位为g/mL。

密度的测定按NY/T 887的规定执行。

结果保留到小数点后1位。

5.6.6 注意事项

水溶肥料样品称取时要充分摇匀，否则影响试验结果准确性。

5.7 水溶肥料pH测定方法

5.7.1 方法原理

当以pH计的玻璃电极为指示电极，甘汞电极为参比电极，插入试样溶液中时，两者之间产生1个电位差。该电位差的大小取决于试样溶液中的氢离子活度，氢离子活度的负对数即为pH，由pH计直接读出。

5.7.2 试剂

本标准中所用试剂、水和溶液的配制，在未注明规格和配制方法时，均应符合HG/T 2843的规定。

（1）pH4.01标准缓冲溶液

称取在120℃烘2h的苯二甲酸氢钾（$KHC_8H_4O_4$）10.21g，用去二氧化碳水溶解后，定容至1L。

（2）pH6.87标准级冲溶液

称取磷酸二氢钾（KH_2PO_4）3.40g和磷酸氢二钠（Na_2HPO_4）3.55g，用去二氧化碳水溶解后定容至1L。

（3）pH9.18标准级冲溶液

称取3.81g硼砂（$Na_2B_4O_7 \cdot 10H_2O$），用去二氧化碳水溶解后定容至1L。

5.7.3 仪器

通常实验室仪器，pH计，灵敏度为0.01pH单位。

5.7.4 分析步骤

（1）样品的制备

固体样品经多次缩分后，取出约100g，将其迅速研磨至全部通过0.50mm孔径筛（如样品潮湿，可通过1.00mm筛子），混合均匀，置于洁净、干燥的容器中；液体样品经多次摇动后，迅速取出约100mL，置于洁净、干燥的容器中。

（2）测定

称取1g试样（精确至0.001g），置于烧杯中，加入250mL去二氧化碳水，充分搅拌3min，静量15min，测定pH。测定前应使用pH标准缓冲溶液对pH计进行校准（参见第4章4.5的分析步骤及注意事项）。

5.7.5 结果计算

取平行测定结果的算术平均值为测定结果，结果保留到小数点后2位。

误差要求：

平行测定结果的绝对差值不大于0.20pH单位。

5.7.6 注意事项

参见第4章4.5的注意事项。

5.8 水溶肥料中氨基酸含量的测定方法——氨基酸自动分析仪法

5.8.1 方法原理

试样用磺基水杨酸沉淀蛋白质后，用EDTA络合金属元素释放氨基酸，氨基酸经分离柱分离后与茚三酮显色，测定天冬氨酸、苏氨酸、丝氨酸、谷氨酸、脯氨酸、甘氨酸、丙氨酸、胱氨酸、缬氨酸、甲硫氨酸、异亮氨酸、亮氨酸、酪氨酸、苯丙氨酸、赖氨酸、组氨酸和精氨酸共17种氨基酸的含量，这些氨基酸含量的总和，即为游离氨基酸的含量。

5.8.2 试剂

本方法中所用试剂、水和溶液的配制，在未注明规格和配制方法时，均应符合HG/T 2843的规定。

（1）柠檬酸钠（$Na_3C_6H_5O_7 \cdot 2H_2O$）

分析纯。

（2）盐酸［$\rho(HCl)=1.19g/cm^3$］

分析纯。

（3）盐酸溶液［$c(HCl)=0.06mol/L$］

量取5.04mL盐酸，缓慢注入1 000mL水中。

（4）氢氧化钠溶液［$c(NaOH)=500g/L$］

称取100g氢氧化钠，加水溶解，稀释至200ml水中，通风橱内进行。

（5）磺基水杨酸溶液［$c(C_7H_6O_6S_2 \cdot 2H_2O)=50g/L$］

称取5.00g磺基水杨酸，加水溶解，稀释至100mL。

（6）乙二胺四乙酸二钠溶液［c(EDTA-2Na)=10g/L］

称取1g乙二胺四乙酸二钠，加水溶解，稀释至100mL。

（7）柠檬酸钠缓冲液（pH=2.2）

称取19.6g柠檬酸钠［5.8.2（1）］，溶解后转入1 000mL容量瓶中，加入16.5mL盐酸［5.8.2（2）］，加水至刻度，混匀。必要时，可用盐酸［5.8.2（2）］和氢氧化钠溶液［5.8.2（4）］调节pH至2.2。

（8）混合氨基酸标准溶液

色谱纯。含天冬氨酸、苏氨酸、丝氨酸、谷氨酸、脯氨酸、甘氨酸、丙氨酸、胱氨酸、缬氨酸、甲硫氨酸、异亮氨酸、亮氨酸、酪氨酸、苯丙氨酸、赖氨酸、组氨酸和精氨酸17种氨基酸。

5.8.3 仪器

通常实验室仪器、氨基酸自动分析仪、离心机（10 000r/min以上）或0.45μm的微孔滤膜及过滤器、注射器。蒸干装置：试管浓缩仪或其他浓缩装置。

5.8.4 分析步骤

（1）试样的制备

固体样品经多次缩分后，取出约100g，将其迅速研磨至全部通过0.50mm孔径筛（如样品潮湿，通过1.00mm孔径筛即可），混合均匀，置于洁净、干燥容器中。液体样品经多次摇动后，迅速取出约200mL，置于洁净、干燥的容器中。

（2）试样溶液的制备

称取试样2～10g（精确到0.001g），置于25mL消解管，充分溶解后，加水至刻度（图5-16），混匀，放置过夜（图5-17）后，吸取上清液（或过滤后吸取滤液）2mL于10mL离心管或试管中，准确加入2mL磺基水杨酸溶液［5.8.2（5）］

混匀，放置1h。准确加入1mL的EDTA–Na溶液［5.8.2（6）］和1mL盐酸溶液［5.8.2（3）］，混匀，离心15min（或用0.45μm的微孔滤膜过滤）（图5-18）。吸取上清液（或滤液）1mL，蒸干。准确加入1～5mL的柠檬酸钠缓冲液［5.8.2（7）］溶解，使氨基酸浓度处于仪器最佳检测范围内，供仪器测定用（图5-19）。

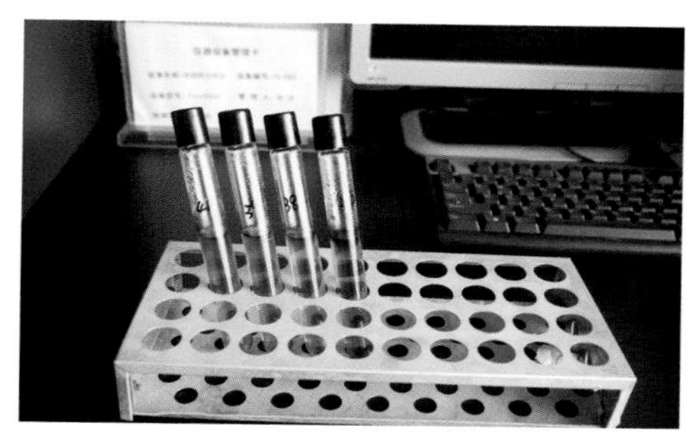

图5-16　称样混匀加水

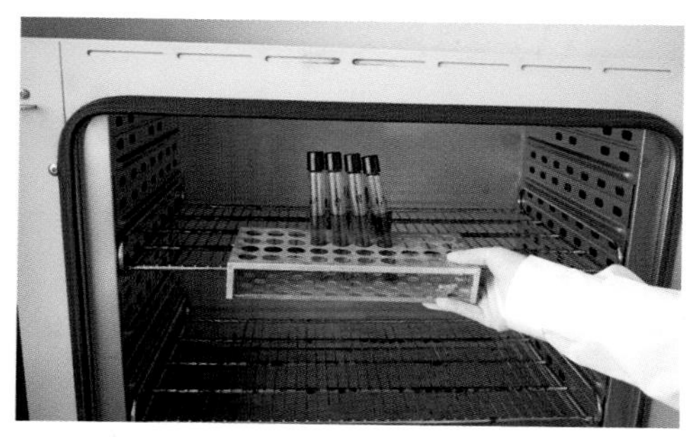

图5-17　放置过夜

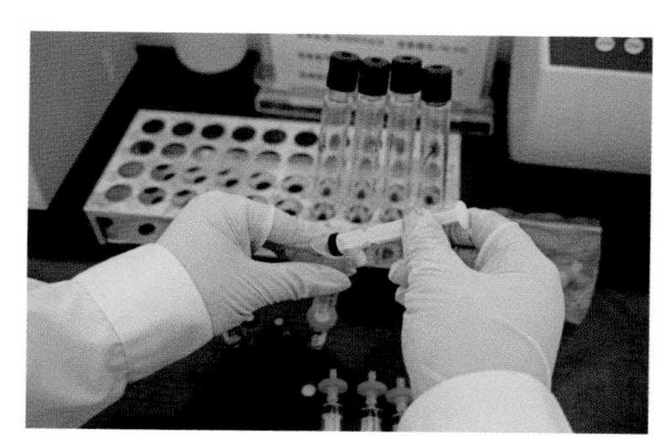

图5-18　液体过膜

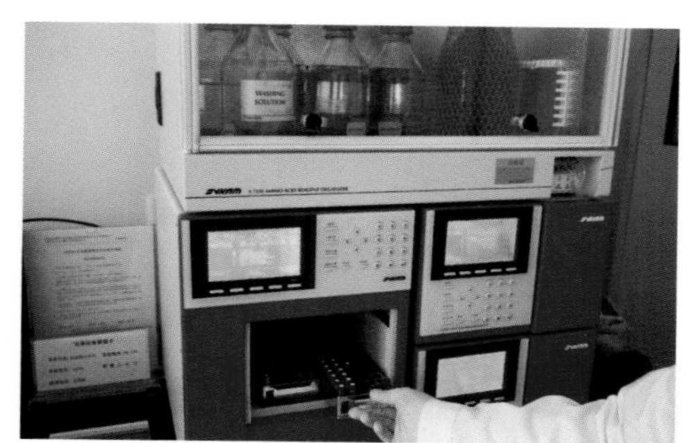

图5-19　样品上机

（3）测定

按仪器说明书要求，使混合氨基酸标准溶液［5.8.2（8）］浓度处于仪器最佳检测范围内，作为外标，上机测定。用外标法测定试样溶液中游离氨基酸的含量。

5.8.5　结果计算

游离氨基酸含量以质量分数ω（%）表示，按下式计算：

$$\omega=\sum_{i=1}^{k}\frac{n_iM_iDV_1\times10^3}{mV\times10^9}\times100=\sum_{i=1}^{k}\frac{n_iM_iDV_i}{mV}\times10^{-4} \tag{5-13}$$

式中：

k——氨基酸的种类数；

n_i——仪器进样体积V中第n_i种氨基酸的物质的量，单位为nmol；

M_i——第M_i种氨基酸的摩尔质量，单位为g/mol；

D——测定时试样溶液的稀释倍数；

V_1——定容体积，单位为mL；

10^3——测定时试样溶液的稀释倍数；

m——试料的质量，单位为g；

V——仪器进样体积，单位为μL；

10^9——将克换算成纳克的系数。

取平行测定结果的算术平均值为测定结果，结果保留到小数点后1位。

误差要求：

平行测定结果的绝对差值应符合表5-4的要求。

表5-4　误差要求

游离氨基酸的质量分数（%）	绝对差值（%）
<10.0	<1.0
10.0 ~ 20.0	≤1.5
>20.0	≤2.0

质量浓度的换算：

液体肥料游离氨基酸含量以质量浓度c（g/L）表示，按下式计算：

$$c\ (\text{氨基酸})=10\omega\rho \tag{5-14}$$

式中：

ω——试样中游离氨基酸的质量分数，单位为%；

ρ——液体试样的密度，单位为g/mL。

密度的测定按NY/T 887的规定执行。

结果保留至整数。

5.8.6　注意事项

（1）试样需要充分溶解后，才可进行下一步试验操作。

（2）准确加入柠檬酸钠缓冲液用量，使其含量在曲线最佳范围内。

第6章 CHAPTER 6

有机-无机复混肥料测定方法

6.1 有机-无机复混肥料总氮含量的测定

本节适用于由各种有机肥料与化学肥料组成的固体有机-无机复混肥料，也适用于各种固体有机肥料的总氮含量的测定。

6.1.1 方法原理

在酸性介质中将硝酸盐还原为铵盐，在混合催化剂或过氧化氢的存在下，用浓硫酸消化，将氮转化为硫酸铵，从碱性溶液中蒸馏出氨，并吸收在过量的硫酸标准溶液中，在甲基红-亚甲基蓝混合指示液存在下，用氢氧化钠标准滴定溶液返滴定。

6.1.2 试剂

注意：试剂中的过氧化氢具有腐蚀性和氧化性，硫酸及其溶液、盐酸和氢氧化钠溶液具有腐蚀性，相关操作应在通风橱内进行。本节中所用试剂、溶液和水，在未注明规格和配制方法时，均应符合HG/T 2843的规定。

（1）浓硫酸

ρ=1.84g/cm^3，分析纯。

（2）盐酸

ρ=1.19g/cm^3，分析纯。

（3）铬粉

细度小于250μm。

（4）定氮合金（Cu50%、Al45%、Zn5%）

细度小于850μm。

（5）硫酸钾

分析纯。

（6）五水硫酸铜

分析纯。

（7）混合催化剂

将100g硫酸钾和5g五水硫酸铜充分混合，并仔细研磨。

（8）氢氧化钠溶液［c(NaOH)=400g/L］

准确称取氢氧化钠（分析纯）40g，溶于100mL水中，不断进行搅拌，操作在通风橱内进行。

（9）氢氧化钠标准滴定溶液［c(NaOH)=0.5mol/L］

配制和标定按GB/T 601—2016的规定进行。

（10）硫酸溶液［$c(1/2H_2SO_4)$=1mol/L］

量取浓硫酸27.8mL，缓缓加入盛有800mL左右水的烧杯中，不断搅拌，冷却后再加水定容1000mL。

（11）甲基红－亚甲基蓝混合指示剂

称取0.10g甲基红和0.05g亚甲基蓝溶于50mL乙醇溶液中。

（12）广泛pH试纸。

（13）过氧化氢

分析纯。

6.1.3 仪器

通常实验室用仪器、消化仪器、凯氏定氮仪。

6.1.4 分析步骤

（1）做2份试料的平行测定

试样按GB/T 8571规定制备实验室样品，试样制备时样品研磨至通过1mm试验筛，若样品很难粉碎，可研磨至通过2mm试验筛。从试样中称取总氮含量不大于235mg，硝酸态氮含量不大于60mg的试料0.5 ～ 2.0g（称准至0.000 2g）于蒸馏管中。

（2）分解可选用硫酸－混合催化剂法或硫酸－过氧化氢法。

①硫酸－混合催化剂法

还原（如果试样中含硝酸态氮时，必须采用此步骤）：

于蒸馏烧管中加入35mL水，摇动，使试料溶解，加入铬粉［6.1.2（3）］1.2g，盐酸［6.1.2（2）］7mL，静置5 ～ 10min，插上玻璃漏斗。置蒸馏管于通风橱内的加热装置上，加热至沸腾并泛起泡沫后1min，冷却至室温。

消化：

置蒸馏管于通风橱内的加热装置上，加入1小勺混合催化剂［6.1.2（7）］，小心加入20mL硫酸［6.1.2（1）］，加热。如泡沫很多，减少供热强度至泡沫消失，继续加热，直到蒸馏管底部清晰，再消化75min，冷却至室温。

②硫酸－过氧化氢氧化法：

向盛有试样的蒸馏管中加入20mL硫酸［6.1.2（1）］和5mL过氧化氢［6.1.2（13）］，放置过夜（约15h）。向蒸馏管再加入5mL过氧化氢，瓶口插上玻璃漏斗，在通风橱内的加热装置上加热30min（若泡沫过多，暂停加热至泡沫消失为止，再继续加热）。若溶液呈现深色，稍冷后再加入5mL同样的过氧化氢，继续加热10min，重复此步骤至溶液无色或浅色为止（图6-1）。

（3）蒸馏按第3章3.1复混肥料中总氮含量的测定方法进行。

（4）滴定按第3章3.1复混肥料中总氮含量的测定方法进行。

（5）空白试验

除不加试料外，须与试样测定采用完全相同的试剂、用量和分析步骤，进行平行操作。

6.1.5 结果计算

总氮含量以质量分数ω（%）表示，按下式计算：

图6-1 样品溶液状态

$$\omega=\frac{c\times(V_0-V_2)\times 0.014\,01\times 100}{m} \tag{6-1}$$

式中：

V_0——空白试验时，使用的氢氧化钠标准滴定溶液的体积，单位为mL；

V_2——样品试验时，使用的氢氧化钠标准滴定溶液的体积，单位为mL；

c——测定及空白试验时，使用的氢氧化钠标准滴定溶液的浓度，单位为mol/L；

0.01401——氮毫摩尔质量的数值，单位为g/mmol；

m——试料质量，单位为g。

计算结果精确到小数点后2位，取平行测定结果的算术平均值作为测定结果。

误差要求：

平行测定结果的绝对差值不大于0.30%；不同实验室测定结果的绝对差值不大于0.50%。

6.1.6 注意事项

（1）消煮过程中加入过氧化氢时，一定要等液体冷却后再加入。

（2）样品溶液同时可以测定总钾和总磷含量，但在消煮时不可以加硫酸钾催化剂。

（3）其余注意事项同第3章3.1复混肥中总氮含量的测定。

6.2 有机－无机复混肥料中总磷测定

6.2.1 方法原理

（1）钒钼酸铵（钼黄）分光光度计法测定有机－无机复混肥料中总磷原理

在一定的pH下，正磷酸根与钼酸铵及偏钒酸铵作用，生成黄色的配合物[$(NH_4)_3PO_4 \cdot NH_4VO_3 \cdot 16MoO_3$]，在波长450nm用1mm吸收池进行分光度光度法测定。

（2）磷钼酸喹啉重量法测定有机－无机复混肥料中总磷原理

含磷溶液中的正磷酸根离子，在酸性介质中与喹钼柠酮试剂生成黄色磷钼酸喹啉沉淀 [$(C_9H_7NH)_3PO_4 \cdot 12MoO_3 \cdot H_2O$]，过滤、洗涤、干燥和称量所得沉淀，计算磷含量。

6.2.2 试剂

本方法中所用试剂、水和溶液，在未注明规格和配制方法时，均应按HG/T 2843的规定。其余试剂同第3章3.2复混肥料中有效磷含量的测定及第4章4.2有机肥料磷含量的测定。

6.2.3 仪器

仪器同第3章3.2复混肥料中有效磷含量的测定及第4章4.2有机肥料磷含量的测定。

6.2.4 分析步骤

（1）实验室样品制备

按GB/T 8571规定制备实验室样品。试样制备时样品研磨至通过1mm试验筛，若样品很难粉碎，可研磨至通过2mm试验筛。选择6.1.4（2）或6.1.4（3）方法之一制备试液。

（2）硝酸－高氯酸消煮法

总磷含量≤5%的试样（用钼黄分光光度计测定），称取1g；总磷含量>5%的试样（用磷钼酸喹啉重量法测定），称取含有100～200mg五氧化二磷的试样，称准至0.000 1g。将试样置于250mL高角烧杯中，加入20mL浓硝酸，小心摇匀，在通风橱内用电热板加热近至干涸，稍微冷却后，加入10mL高氯酸，盖上表面皿，缓慢加热至高氯酸冒白烟，继续加热直至溶液呈无色或浅色清夜（注意：不能蒸干）。稍微冷却，加入50mL水，在电热板上微微煮沸1～2min，冷却至室温，定量转移至250mL量瓶中，用水稀释至刻度，混匀。干过滤，弃去最初50mL滤液。

（3）硫酸－过氧化氢消煮法

试料称量同6.1.4（2），将试料置于500mL锥形瓶中，加入20mL硫酸和3mL过氧化氢，小心摇匀，静放12～15h，然后再加入3～5mL过氧化氢，插上玻璃漏斗，在通风橱内用1 500W电炉缓慢加热至沸腾，继续加热保持30min，取下；若溶液未澄清，稍微冷却后，分次加入3mL过氧化氢，并分次消煮，直至溶液呈无色或浅色清液，继续加热10min，冷却至室温。将消煮液移入250mL容量瓶中，用水稀释至刻度，混匀，干过滤，弃去最初50mL滤液。

（4）总磷含量的测定

总磷含量≤5%的试样称取1g，采用第4章4.2有机肥料磷含量的测定的钒钼酸铵（钼黄）分光光度计法；总磷含量>5%的试样，称取含有100 ~ 200mg五氧化二磷的试样，称准至0.000 1g，采用第3章3.2复混肥料中有效磷含量的测定的磷钼酸喹啉重量法测定。

6.2.5 结果计算

公式按第4章4.2有机肥料磷含量的测定，钒钼酸铵（钼黄）分光光度法、第3章3.2复混肥料中有效磷含量的测定，磷钼酸喹啉重量法测定中的公式分别进行计算。

钒钼酸铵（钼黄）分光光度误差要求：平行测定和不同实验室测定结果的绝对差值应符合表6-1的要求。

表6–1 误差要求

总磷含量（P_2O_5，%）	平行测定允许差（%）	不同实验室测定允许差（%）
≤1.0	0.05	0.1
1.0 ~ 2.0	0.1	0.2
2.0 ~ 5.0	0.2	0.4

磷钼酸喹啉重量法误差要求：

平行测定结果的绝对差值不大于0.20%，不同实验室测定结果的绝对差值不大于0.30%。

6.2.6 注意事项

同第3章3.2复混肥料中有效磷含量的测定及第4章4.2有机肥料磷含量的测定。

6.3 有机–无机复混肥料中总钾的测定方法

本方法适用于由有机肥料与化学肥料组成的有机无机复混肥，也适用于各种固体有机肥料的总钾含量的测定。

6.3.1方法原理

（1）四苯硼钾重量法

在弱碱性介质中，以四苯硼酸钠沉淀试样溶液中的钾离子。为了防止阳离子干扰，可预先加入适量的乙二胺四乙酸二钠盐，使阳离子与乙二胺四乙酸二钠络合。将沉淀过滤、干燥及称量。

（2）火焰光度法

待测液在火焰高温激发下，辐射出钾元素的特征光谱，其强度与溶液中钾的浓度成正比，从溶液的工作曲线上即可查出待测液的钾浓度。

6.3.2　试剂

注意：试剂中的过氧化氢、硝酸、高氯酸具有腐蚀性和氧化性，硫酸和氢氧化钠溶液具有腐蚀性，相关操作应在通风橱内进行。

（1）硫酸（H_2SO_4）

ρ=1.84g/cm^3，分析纯。

（2）过氧化氢（H_2O_2）

分析纯。

（3）硝酸溶液（HNO_3）

ρ=1.41g/cm^3，分析纯。

（4）高氯酸（$HClO_4$）

ρ=1.768g/cm^3，分析纯。

（5）四苯硼酸钠溶液{$c[(C_6H_5)_4BNa]$=15g/L}

称取15g四苯基合硼酸钠溶解于960mL水中，加4mL氢氧化钠溶液和100g/L六水氯化镁溶液20mL，搅拌15min，静置后过滤。储存于棕色瓶或聚乙烯瓶中，不超过1个月，如浑浊，使用滤纸过滤。

（6）四苯硼酸钠洗涤液{$c[(C_6H_5)_4BNa]$=1.5g/L}

用10体积的水稀释1体积的四苯硼酸钠［6.3.2（5）］溶液。

（7）乙二胺四乙酸二钠溶液［c(EDTA-2Na)=40g/L］

分析纯。

（8）氢氧化钠溶液［$c(N_aOH)$=400g/L］

400g氢氧化钠，于通风橱内，加水缓慢溶解定容至1L。

（9）酚酞乙醇溶液（5g/L）

溶解0.5g酚酞于100mL95%乙醇中。

（10）钾标准贮备溶液

1.00mg/mL，称取1.582 8g经110℃烘2h的氯化钾、用水溶解后定容于1L容量瓶中，混匀，该溶液1mL含钾1.00mg，贮存于聚乙烯瓶中。

（11）钾标准使用液

100μg/mL，吸取25.0mL钾标准贮备溶液［6.3.2（10）］于250mL量瓶中，用水稀释至刻度，混匀，此溶液1mL含钾100μg。

6.3.3　仪器

通常实验室用仪器，玻璃坩埚式滤器（4号，容积30mL），电热恒温干燥箱，温度能控制在（120±5)℃，火焰光度计。

6.3.4分析步骤

（1）做两份试料的平行测定。按GB/T5871规定制备实验室样品，试样制备时样品研磨至通过1mm试验筛子，若样品很难粉碎，可研磨至通过2mm试验筛。

钾含量（氧化钾）＜2%的试样，采用火焰光度法测定，称取2g试样，钾含量（氧化钾）≥2%的试样，采用四苯钾重量法测定，当2%≤钾含量（氧化钾）<5%时称取4g试样，钾含量（氧化钾）≥5%时称取2g试样，称准至0.000 2g，用下列方法之一制备试样溶液。

（2）样品前处理见本章6.2有机-无机复混肥料中总磷测定前处理。

（3）测定见第3章3.3复混肥料中钾含量的测定。

①四苯硼钾重量法：当试样中含氧化钾≥2%（质量分数）时，采用本方法。

A.试液处理：吸取上述滤液25mL，置入200mL烧杯中，加乙二胺四乙酸二钠溶液［6.3.2（7）］20mL（含阳离子较多时可加40mL），加2～3滴酚酞溶液［6.3.2（9）］滴加氢氧化钠溶液［6.3.2（8）］至红色出现时，再过量1mL，在良好的通风橱内缓慢加热煮沸15mL，然后放置冷却或用流水冷却至室温。若红色消失，再用氧化钠溶液调至红色。

B.沉淀及过滤：在不断搅拌下，于试样溶液中逐滴加四苯硼酸钠沉淀剂［6.3.2（5）］，加入量为每含1mg氧化钾加四苯硼钠溶液［6.3.2（5）］0.5mL，并过量约7mL，继续搅拌1min静置15mm，用倾滤法将沉淀过120℃下先恒量的4号玻璃坩式滤器内，用洗涤溶液［6.3.2（6）］洗涤沉淀5～7次，每次用量约5mL，最后用水洗涤2次，每次用量5mL。

C.干燥：将盛有沉淀的坩埚置入（120±5）℃干燥箱中，干燥1.5h，然后放在干燥器内冷却至室温，称量。

空白试验除不加试料外，必须与试样测定采用完全相同的试剂，用量和分析步骤，进行平行操作。

②火焰光度法见4.3有机肥料中总钾含量的测定及图解。

当试样中含氧化钾小于2%时，采用本方法。

A.标准曲线绘制：吸取氧化钾标准溶液［6.3.2（11）］0、2.50mL、5.00mL、7.50mL、10.00mL、15.00mL分别置于6个50mL容量瓶中，加入与吸取试样溶液等体积的空白溶液，用水定容，此溶液为1mL含氧化钾0、5.00μg、10.00μg、15.00μg、20.00μg、30.00μg的标准溶液系列。在火焰光度计上，依次低浓度至高浓度测量其他标准溶液，记录仪器读值，根据氧化钾浓度和仪器读值绘制校准曲线并求出直线回归方程。

B.测定：吸取一定量的试样溶液（含氧化钾0.5～2.0mg）于50mL容量瓶中，用水定容。与标准曲线同条件在火焰光度计上测定，记录仪器读值。在工作曲线上查取浓度值。每测定5个样品后须用钾标准溶液校正仪器。

6.3.5 结果计算

四苯硼钾重量法：

总钾含量以氧化钾的质量分数计ω，数值以%表示，按下式计算：

$$\omega=\frac{(m_2-m_1)\ \times 0.1314}{m_0\times 25/250}\times 100=\frac{(m_2-m_1)\ \times 131.4}{m_0} \tag{6-2}$$

式中：

m_2——试样四苯硼酸钾沉淀的质量，单位为g；

m_1——空白试验所得四苯硼钾沉淀的质量，单位为g；

0.1314——四苯硼酸钾质量换算为氧化钾质量的系数；

m_0——试料的质量的数值，单位为g；

25——吸取试样溶液体积的数值，单位为mL；

250——试样溶液总体积的数值，单位为mL。

计算结果精确到小数点后2位，取平行测定结果的算术平均值作为测定结果。

误差要求：

平行测定结果的相差要求见表6-2。

表6–2　钾含量测定允许的差值

钾的质量分数（以K_2O计，%）	平行测定允许差值（%）	不同实验室测定允许差值（%）
<10.0	0.20	0.40
10.0 ~ 20.0	0.30	0.60
>20.0	0.40	0.80

火焰光度法：

总钾含量以氧化钾的质量分数ω（%）表示，按下式计算：

$$\omega=\frac{c \times D \times 50 \times 10^{-6}}{m} \times 100 \qquad (6\text{-}3)$$

式中：

c——由校正曲线查的或由回归方程求得测定液氧化钾浓度数值，单位为μg/mL；

D——分取倍数，定容体积的数值/分取体积数值；

50——定容体积的数值，单位为mL；

m——试料质量的数值，单位为g；

10^{-6}——由μg换算成g的因数。

取2个平行测定结果的算术平均值作为测定结果，所得结果应精确至2位小数。

误差要求见表6-3。

表6–3　钾含量测定的允许差

钾（K_2O，%）	允许差（%）
≤0.50	<0.05

（续）

钾（K_2O，%）	允许差（%）
$0.50<K_2O<1.00$	<0.07
$K_2O \geqslant 1.00$	<0.10

6.3.6 注意事项

坩埚洗涤时，若沉淀不易洗去，可用丙酮进一步清洗。

6.4 有机-无机复混肥料中有机质的测定方法

6.4.1 方法原理

用一定量的重铬酸钾溶液及硫酸，在加热条件下，使有机－无机复混肥料中的有机碳氧化，剩余的重铬酸钾溶液用硫酸亚铁（或硫酸亚铁铵）标准滴定溶液滴定，同时做空白试验。根据氧化前后氧化剂消耗量，计算出有机碳含量，将有机碳含量乘以经验常数1.724，转换为有机质。

6.4.2 试剂

（1）浓硫酸

ρ=1.84g/cm^3，分析纯。

（2）重铬酸钾标准溶液［$c(1/6K_2Cr_2O_7)$=0.2mol/L］

称取经过130℃烘3～4h的重铬酸钾（基准试剂或优级纯）9.806 2g，先用少量水溶解，然后转移入1L容量瓶中，用水稀释至刻度，摇匀备用。

（3）邻菲啰啉指示剂

称取硫酸亚铁0.695g和邻菲啰啉1.485g溶于100mL水中，摇匀备用。

（4）重铬酸钾溶液［$c(1/6K_2Cr_2O_7)$=0.8mol/L］

称取重铬酸钾（分析纯）39.23g，先用少量水溶解，然后转移至1L容量瓶中，稀释至刻度，摇匀备用。

（5）硫酸亚铁标准溶液［$c(FeSO_4 \cdot 7H_2O)$=0.2mol/L］

称取（分析纯）56.0g，溶于900mL蒸馏水中，加入20mL浓硫酸，稀释定容至1L，摇匀备用。

（6）硫酸亚铁标准溶液的标定［$c(FeSO_4)$=0.2mol/L］

吸取重铬酸钾标准溶液［6.4.2（2）］10.00mL放入150mL三角瓶中，加硫酸［6.4.2（1）］3～5mL和2～3滴邻啡啰啉指示剂［6.4.2（3）］，用硫酸亚铁标准溶液滴定［6.4.2（5）］。

根据硫酸亚铁标准溶液滴定时的消耗量计算其准确浓度c：

$$c=\frac{c_1 \times V_1}{V_2} \tag{6-4}$$

式中：

c_1——重铬酸钾标准溶液的浓度，单位为mol/L；

V_1——吸取重铬酸钾标准溶液的体积，单位为mL；

V_2——滴定时消耗硫酸亚铁标准溶液的体积，单位为mL。

6.4.3 仪器

实验室常规仪器水浴锅。

6.4.4 分析步骤

（1）称取试样0.1 ～ 1.0g（精确至0.000 1g），放入250mL三角瓶中（图6-2），准确加入15mL重铬酸钾溶液［6.4.2（4）］和15mL硫酸［6.4.2（1）］（图6-3、图6-4），然后放入已沸腾（100℃）的沸水浴中，保温30min（保持水沸腾）。

图6-2 样品称取

图6-3 加入重铬酸钾

取下冷却后（图6-5），三角瓶中溶液总体积应控制在60 ～ 80mL，加3 ～ 5滴啉菲啰啉指示液［6.4.2（3）］，用硫酸亚铁标准溶液［6.4.2（5）］滴定，被滴定溶液由橙色转为亮绿色，最后变成砖红色为滴定终点（图6-6 ～图6-10）。

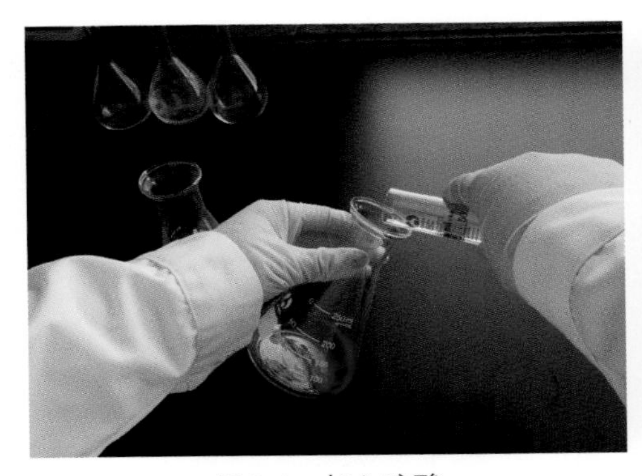

图6-4 加入硫酸

图6-5 冷 却

图6-6　滴定1

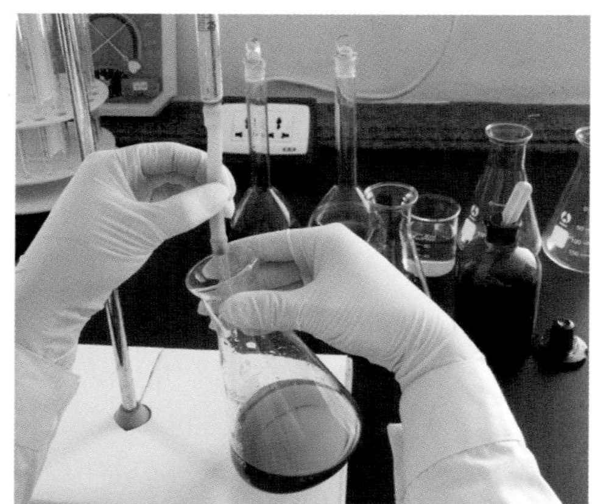

图6-7　滴定2

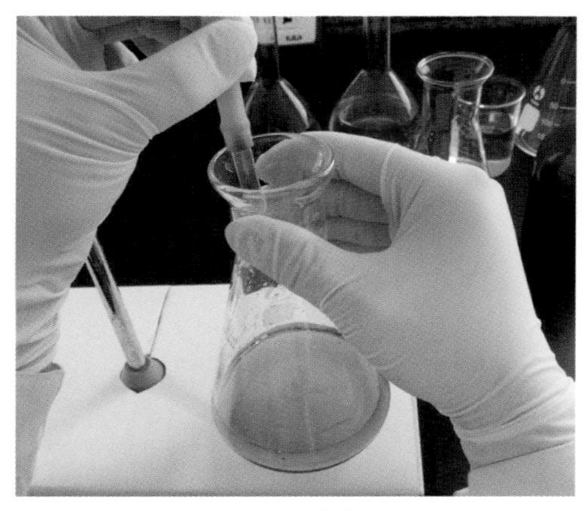

图6-8　滴定3

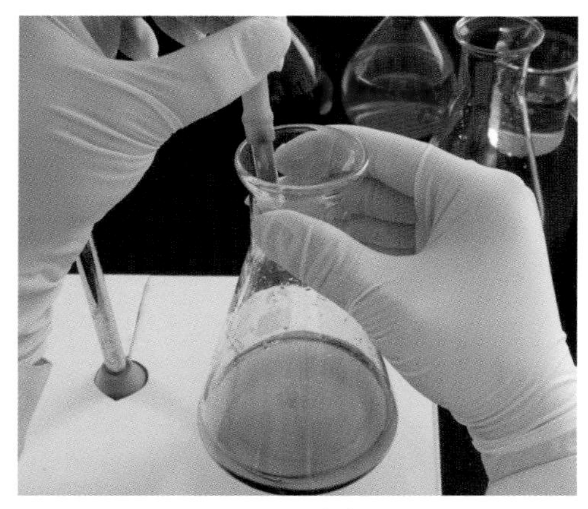

图6-9　滴定4

（2）同时按以上步骤进行空白试验

如果硫酸亚铁标准滴定液的用量不到空白试验所用硫酸亚铁标准滴定溶液用量1/3时，则应减少称样量，重新测定。

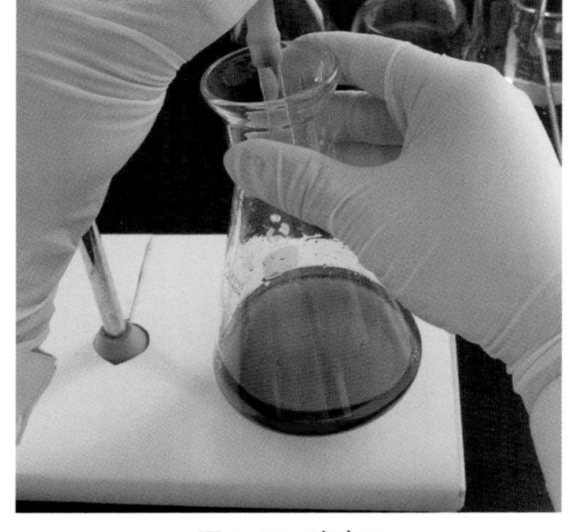

图6-10　滴定5

6.4.5 结果计算

有机质含量以质量分数ω（%）表示，按下式计算：

$$\omega=\left[\frac{(V_0-V_1)\times c\times D\times 0.003}{m}\times 100-\frac{\omega_1}{12}\right]\times 1.724 \quad (6\text{-}4)$$

式中：

V_0——空白试验时，消耗硫酸亚铁标准滴定溶液体积的数值，单位为mL；

V_1——测定试样时，消耗硫酸亚铁标准滴定溶液体积的数值，单位为mL；

c——硫酸亚铁标准滴定溶液浓度的数值，单位为mol/L；

0.003——1/4碳的摩尔质量的数值，单位为g/mmol；

1.5——氧化校正系数；

ω_1——试样中氯离子的含量（质量分数），%；

1/12——与1%氯离子相当的有机碳的质量分数；

1.724——有机碳与有机质之间的经验转换系数；

m——试样质量的数值，单位为g。

计算结果精确到小数点后1位，取平行测定结果的算术平均值为测定结果。

误差要求：

平行测定结果的绝对差值不大于1.0%。

6.4.6 注意事项

（1）样品、空白加入的重铬酸钾的用量要严格保持一致。

（2）加浓硫酸时缓慢加入，消煮的过程一定要注意，不能让样品黏附在管壁。

（3）利用返滴定法测定有机质的含量，让有机肥料中有机碳完全被氧化是保证检测结果准确，加热过程中氧化时每隔5min摇动1次。

（4）在滴定过程中溶液颜色变化顺序：橙色—绿—淡绿—灰绿色—砖红色，变为砖红色时即为终点。

（5）本方法中重铬酸钾分解有机碳氧化效率与反应温度、时间长短密切相关。

（6）本方法适合含不易挥发分解成分的有机－无机复合肥测定有机质含量测定。

第7章 CHAPTER 7

肥料中蛔虫卵死亡率及粪大肠菌群测定方法

7.1 肥料中蛔虫卵死亡率测定

7.1.1 方法原理

将碱性溶液与肥料样品充分混合，分离蛔虫卵，然后用密度较蛔虫卵密度大的溶液为漂浮液，使蛔虫卵漂浮在溶液的表面，从而收集检验。

7.1.2 试剂

本方法所用试剂，在没有注明其他要求时，均指分析纯。

（1）氢氧化钠［c(NaOH)=50.0g/L］溶液

称取50.0g氢氧化钠，加水缓慢溶解，定容至1L。通风橱内操作。

（2）饱和硝酸钠（$NaNO_3$）溶液

ρ=1.38 ～ 1.40g/cm^3，分析纯。

（3）甘油溶液［c($C_3H_8O_3$)=500mL/L］

体积比1 ： 1。

（4）甲醛溶液［c(HCHO)=20mL/L］或甲醛生理盐水

体积比为1 ： 4。

7.1.3 仪器

往复式振荡器、天平、离心机、金属丝圈（直径约为1.0cm）、高尔特曼氏漏斗、微孔火棉胶滤膜（直径35mm，孔径0.65 ～ 0.80μm）、抽滤瓶、真空泵、显微镜、恒温培养箱及其他试验室常用仪器、物品等。

7.1.4 分析步骤

（1）样品处理

称取5.0 ～ 10.0g样品（颗粒较大的样品应先进行研磨），放于容量为50mL离心管中（图7-1），注入氢氧化钠溶液［7.1.2(1)］25 ～ 30mL(图7-2)，另加玻璃珠约10粒，用橡皮塞塞紧管口，放置在振荡器上，静置30min后，

图7-1 样品称取

以200 ～ 300r/min频率振荡10 ～ 15min。振荡完毕，取下离心管上的橡皮塞，用玻璃棒将离心管中的样品充分搅匀（图7-3），再次用橡皮塞塞紧管口，静置15 ～ 30min后，振荡10 ～ 15min。

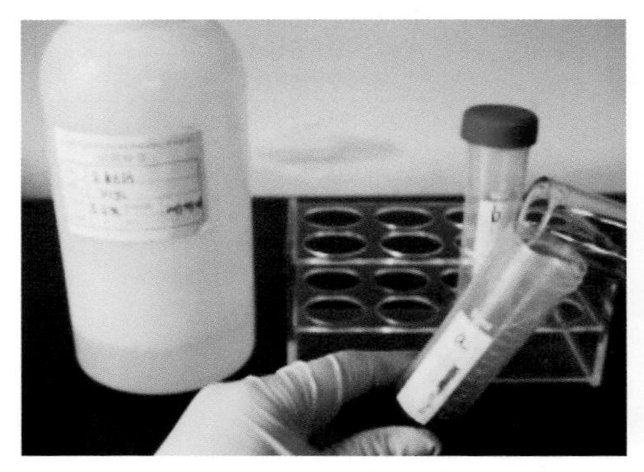

图7-2　加氢氧化钠

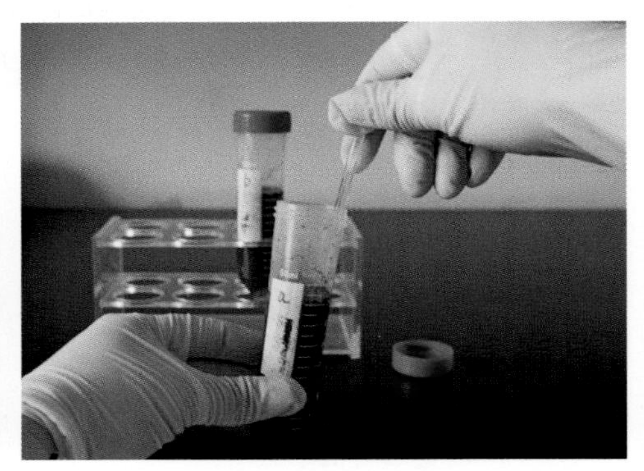

图7-3　样品搅匀

（2）离心沉淀

从振荡器上取下离心管，拔掉橡皮塞，用滴管吸取蒸馏水，将附着于橡皮塞上和管口内壁的样品冲入管中，以2 000 ～ 2 500r/min速度离心3 ～ 5min后，弃去上清液。然后加适量蒸馏水，并用玻璃棒将沉淀物搅起，按上述方法重复洗涤3次。

（3）离心漂浮

往离心管中加入少量饱和硝酸钠［7.1.2（2）］溶液，用玻璃棒将沉淀物搅成糊状后，再徐徐添加饱和硝酸钠溶，随加随搅，直到离管口约1cm为止。用饱和硝酸钠溶液冲洗玻璃棒，洗液并加入离心管中（图7-4），以1 000 ～ 2 500r/min速度离心3 ～ 5min。用金属丝圈不断将离心管表层液膜移于盛有半杯蒸馏水的烧杯中（图7-5），约30次后，适当增加一些饱和硝酸钠溶液于离心管中，再次搅拌、离心及移置液膜，如此反复操作3 ～ 4次。

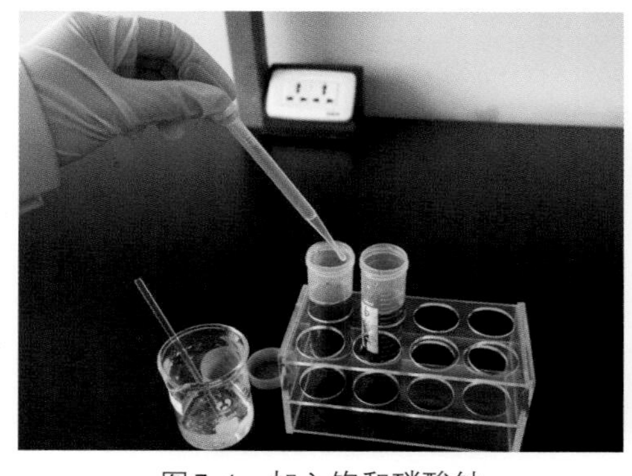

图7-4　加入饱和硝酸钠

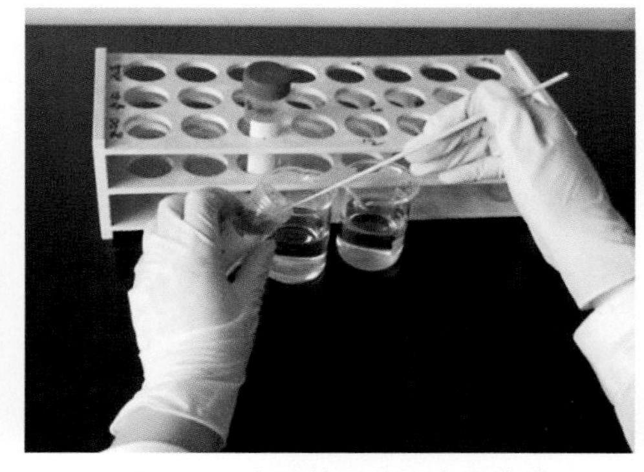

图7-5　金属丝圈移取表层液膜

（4）抽滤镜检

将烧杯中混合悬液通过覆以微孔滤膜的高氏漏斗抽滤（图7-6）。若混合悬液的浑浊度大，可换滤膜。抽滤完毕，用弯头镊子将滤膜从漏斗的滤台上小心取下，置于洁净培养皿，观察时滤膜放在载玻片上，滴加2～3滴甘油溶液，于低倍显微镜下对整张滤膜进行观察和蛔虫卵计数（图7-7）。当观察有蛔虫卵时，将含有蛔虫卵的滤膜进行培养。

图7-6 高氏漏斗抽滤

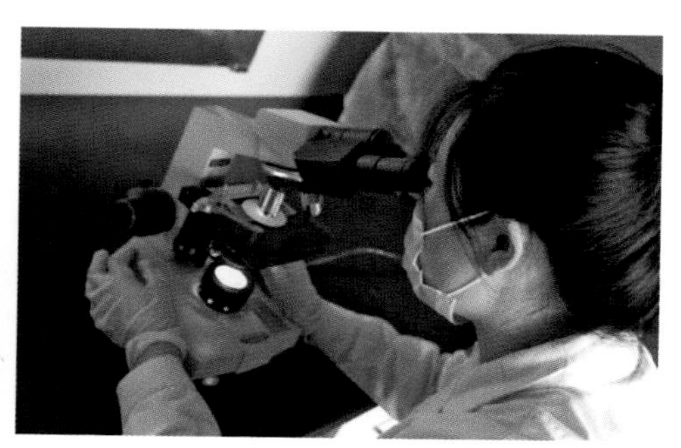

图7-7 镜 检

（5）培养

在培养皿的底部平铺1层厚约1cm的脱脂棉（图7-8），脱脂棉上铺1张直径与培养皿相适的普通滤纸。为防止霉菌和原生动物的繁殖，可加入甲醛溶液或甲醛生理盐水，以浸透滤纸和脱脂棉为宜。

将含蛔虫卵的滤膜平铺在滤纸上，培养皿加盖后置于恒温培养箱中，在28～30℃条件下培养（图7-9），培养过程中经常滴加蒸馏水或甲醛溶液，使滤膜保持潮湿状态。

图7-8 放入培养皿

图7-9 恒温培养箱培养

（6）镜检

培养10～15d，自培养皿中取出滤膜置于载玻片上，滴加甘油溶液，待滤膜透明后，在低倍显微镜下查找蛔虫卵，然后在高倍镜下根据形态，鉴定卵的死活，并加以计数。镜检时若感觉视野的亮度和膜的透明度不够，可在载玻片上滴1滴蒸馏水，用盖玻片从滤膜上刮下少许含卵滤渣，与水混合均匀，盖上盖玻片进行镜检（图7-10）。

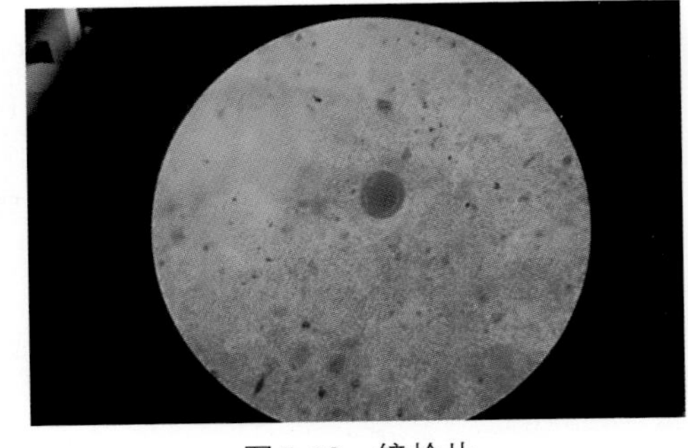
图7-10　镜检片

（7）判定

凡含有幼虫的，都认为是活卵，未孵化的或单细胞都判定为死卵。

7.1.5　结果计算

结果计算式：

$$K=100\times (N_1\times N_2)/N_1 \quad (7\text{-}1)$$

式中：

K——蛔虫卵死亡率，%；

N_1——镜检总卵数；

N_2——培养后镜检活卵数。

7.1.6　注意事项

（1）蛔虫卵呈椭圆形，卵壳自外向内分为3层。壳质较厚，外面2层较薄，低倍显微镜下难以区分时，观察时应转换高倍数显微镜。

（2）在培养过程中经常滴加蒸馏水或甲醛溶液，保持滤膜潮湿状态，维持蛔虫卵适宜的生长环境。

7.2　肥料中粪大肠菌群的测定

7.2.1　方法原理

粪大肠菌群是一群在（4.5±0.5）℃条件能发酵乳糖、产酸产气、需氧和兼性厌氧的革兰氏阴性无芽孢杆菌。

粪大肠菌群数为每克（毫升）肥料样品中粪大肠菌群的最可能数（MPN）。

7.2.2　试剂

（1）培养基：遵照附录A的规定。

（2）革兰氏染色液：遵照附录B的规定。

7.2.3　仪器

高压蒸汽灭菌器、显微镜、恒温水浴或隔水式培养箱、恒温旋转式摇床、干燥箱、天平、酸度计或精密pH试纸、接种环、试管（15mm×150mm）、小套管（杜兰管）、移液管、三角瓶、培养箱、载玻片、玻璃珠、酒精灯、试管架。

7.2.4　分析步骤

（1）样品稀释

在无菌操作下称取样品25.00g（图7-11）或吸取样品25.00mL，加入

225.00mL生理盐水（体积分数为85%）中（图7-12），置于振荡器充分振荡（图7-13～图7-15）3min，即成10^{-1}稀释液（图7-16）。样品及稀释管消毒（图7-17）后，用无菌移液管吸取1.0mL上述稀释液加入到9mL生理盐水（体积分数为85%）中（图7-18），混匀成10^{-2}稀释液。这样依次稀释，分别得到10^{-1}、10^{-2}、10^{-3}等（图7-19～图7-20）浓度稀释液（每个稀释度须更换无菌移液管）。

图7-11 称 样

图7-12 生理盐水（体积分数为85%）

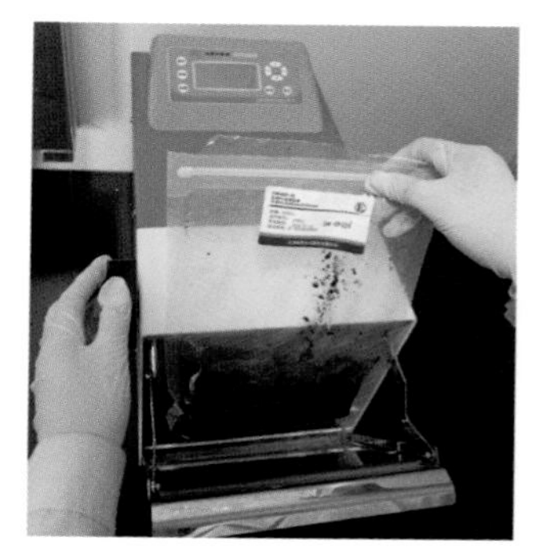

图7-13 装样入机

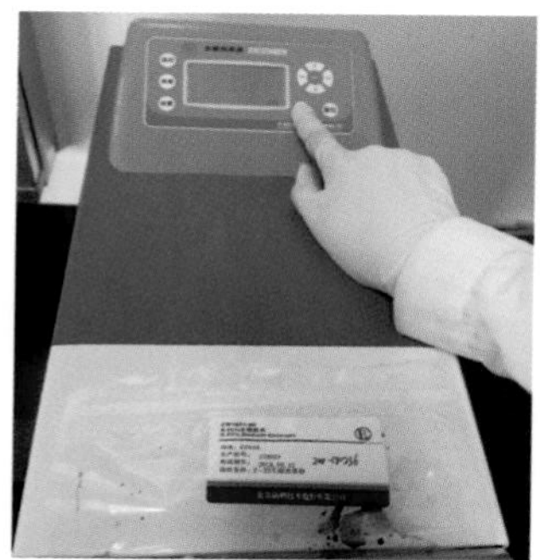

图7-14 充分振荡

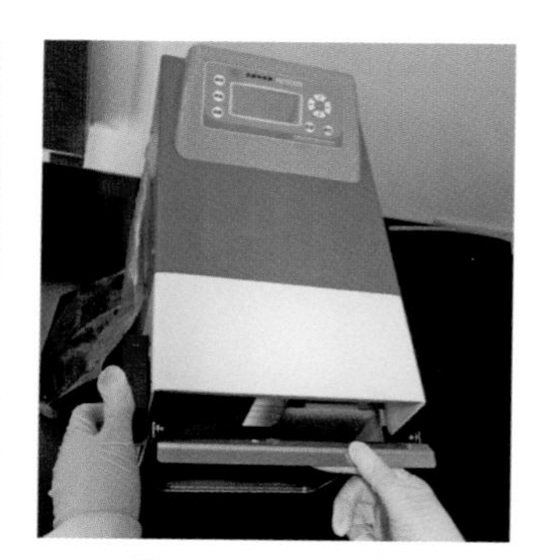

图7-15 取出样品

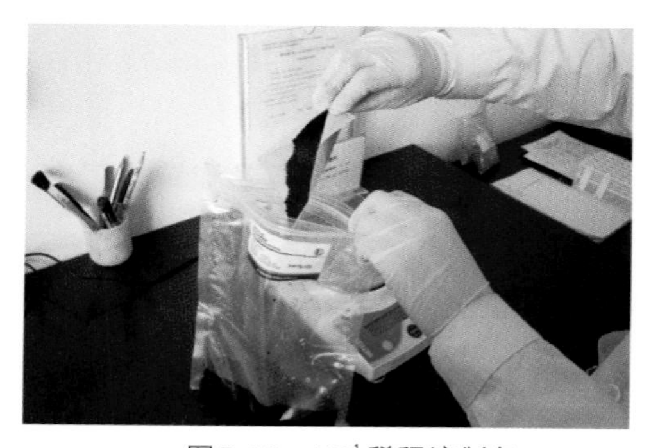

图7-16 10^{-1}稀释液制备

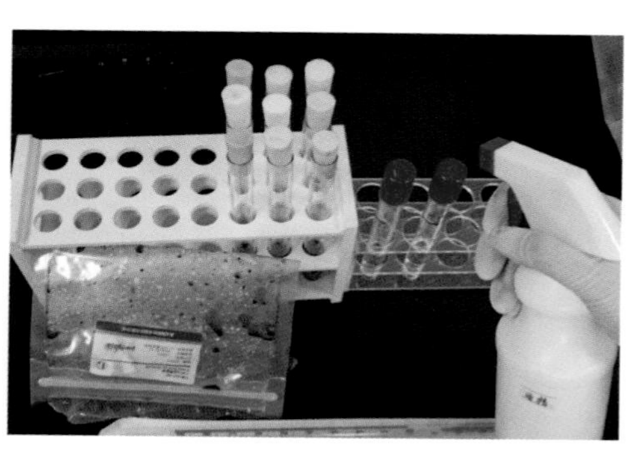

图7-17 用品消毒

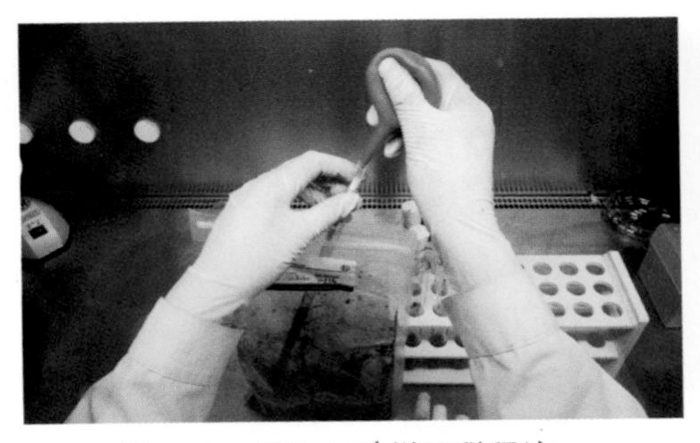

图7-18　吸取10^{-1}样品稀释液

图7-19　移取稀释液

(2) 乳糖发酵试验

选取3个连续适宜稀释液，分别吸取不同稀释液1.0mL加入乳糖胆盐发酵管内（附录A中A.1）(图7-21)，每一稀释度接种3支发酵管，置(4.5±0.5)℃恒温水浴或隔水式培养箱内（图7-22)，培养（24±2)h。如果所有乳糖胆盐发酵管都不产酸不产气，则为粪大肠菌群阴性；如果有产酸产气或只产酸的发酵管（图7-23)，则按7.2.4（3）进行。

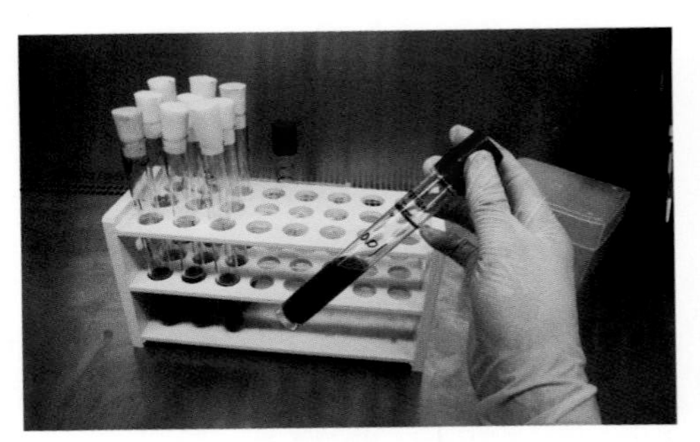

图7-20　稀释成10^{-3}溶液

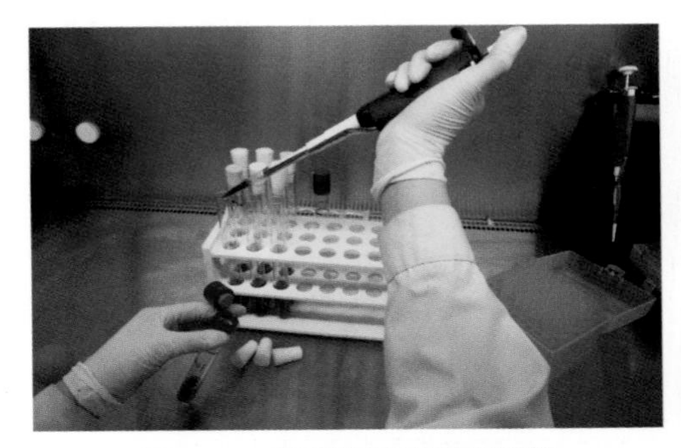

图7-21　稀释液转移到发酵管

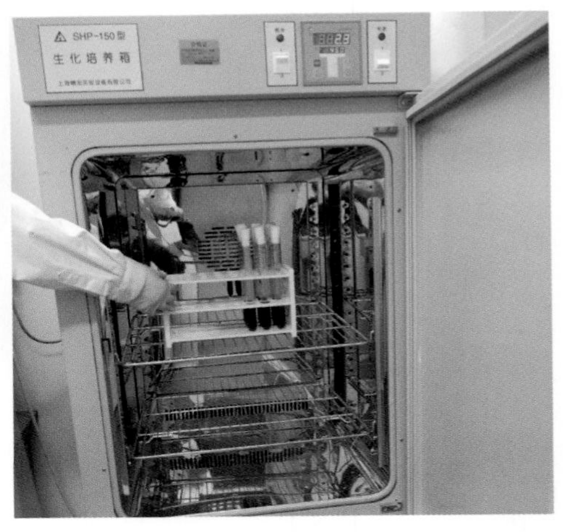

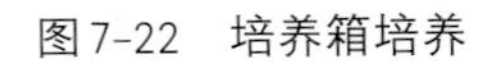

图7-22　培养箱培养

(3) 分离培养

从产酸产气或只产酸的发酵管中分别挑取发酵液在伊红美蓝琼脂平板上划线（图7-24)，在（36±1)℃条件下培养18 ~ 24h。

(4) 证实试验

从7.2.4（3）分离平板上挑取可疑菌落，进行革兰氏染色。染色反应阳性者为粪大肠菌群阴性（图7-25～图7-31）；如果为革兰氏阴性无芽孢杆菌，则挑取同样菌落（图7-32）接种在乳糖发酵管中（图7-33），在（4.5±0.5）℃条件下培养（24±2）h观察产气情况（图7-34），不产气为粪大肠菌群阴性；产气为粪大肠菌群阳性。

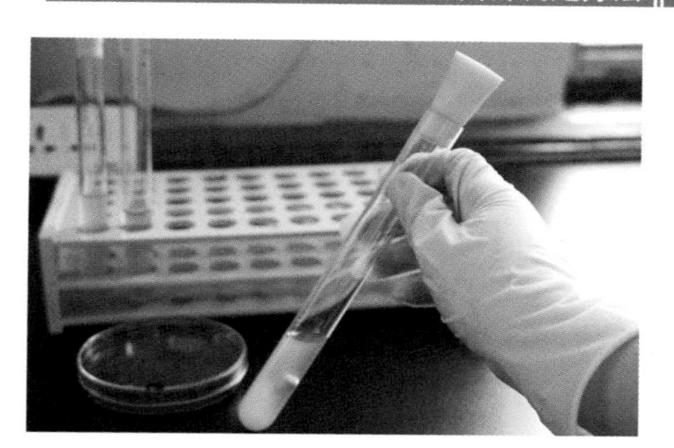

图7-23　乳糖胆盐发酵管产气

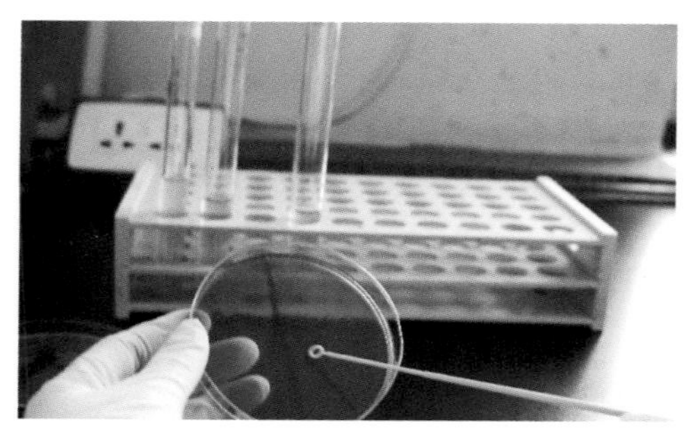

图7-24　平板划线

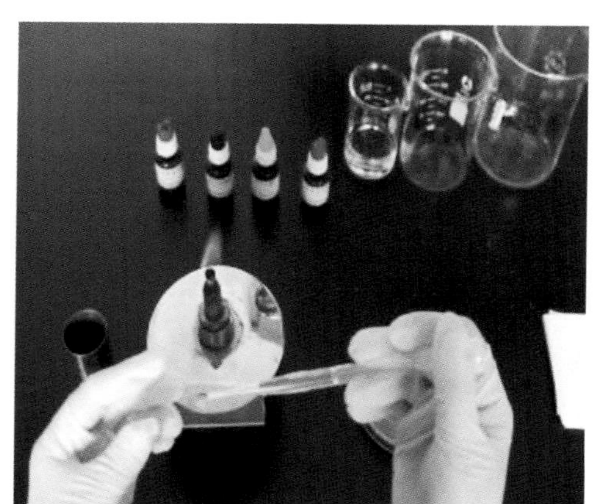

图7-25　灭　菌

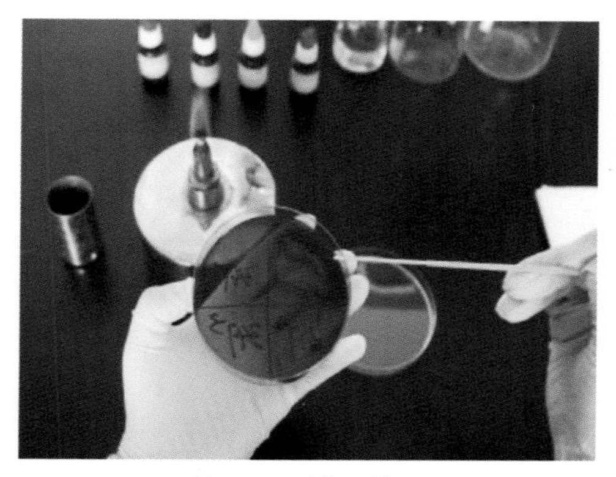

图7-26　挑　菌

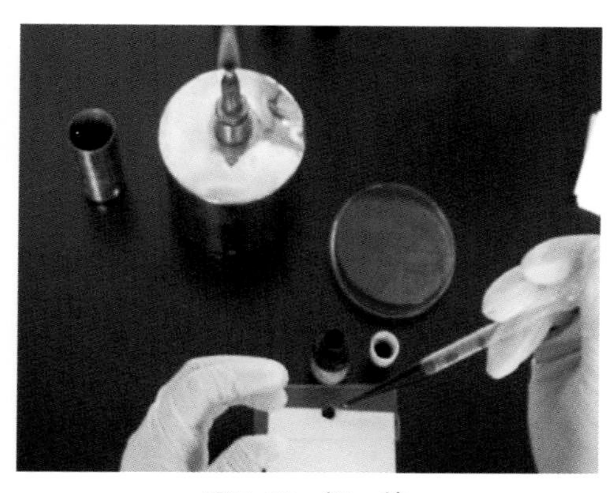

图7-27　初　染

图7-28 复 染

图7-29 脱 色

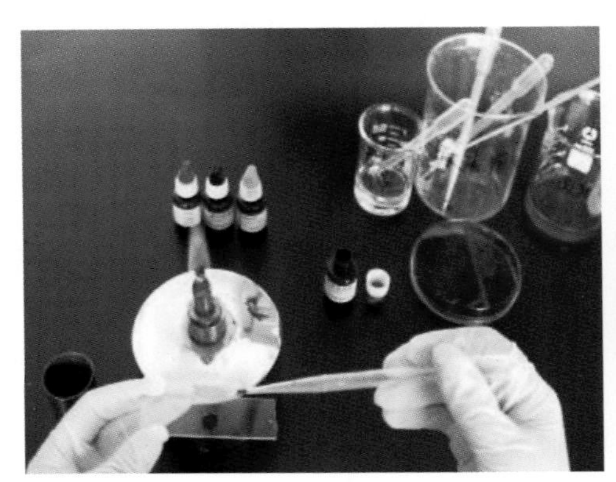

图7-30 复 染

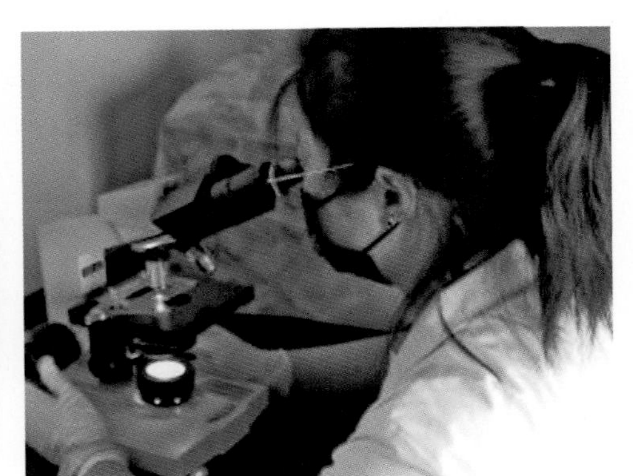

图7-31 镜 检

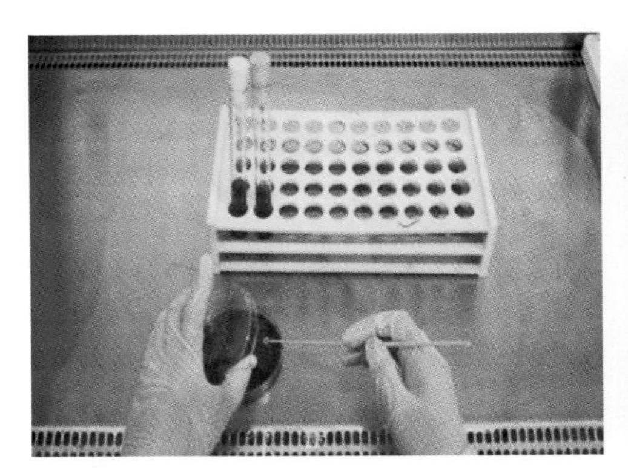

图7-32 挑取菌株

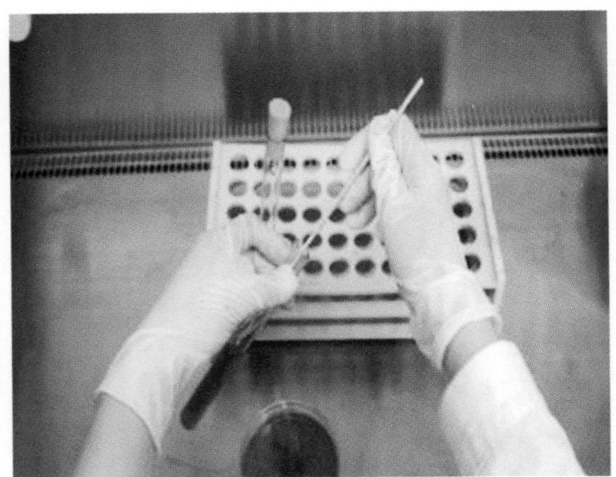

图7-33 接 种

7.2.5 结果

证实试验为粪大肠菌群阳性的，根据粪大肠菌群阳性发酵管数，根据MPN检索表，得出每克（毫升）肥料样品中的粪大肠菌群数。

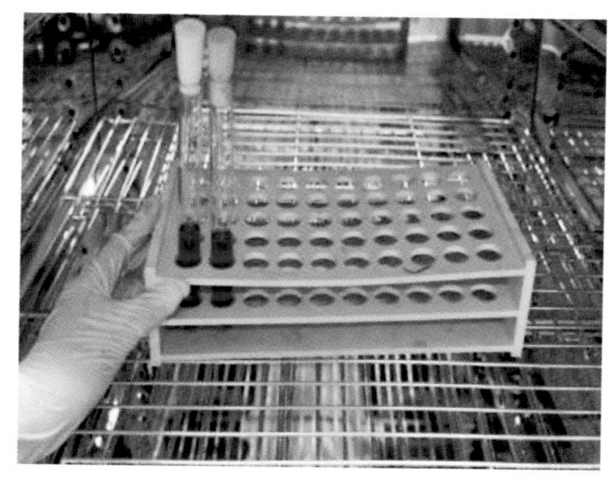

图7-34 恒温培养

7.2.6 注意事项

（1）这个方法是一个半定量的方法，最好不要用于测量审核上。

（2）做实验前要注意导管里是否有空气（最好使用大直径的小导管），以免影响结果的判断，增加工作量；观察气泡时，要对光倾斜试管观察。

（3）注意应该认真完成粪大肠菌的证实试验的操作。

（4）做平板法时需要覆盖第二层培养基，有助于典型菌落形成，也为了防止蔓延性细菌生长。

（5）挑菌时可以把带菌的部分培养基完全挑起来放到煌绿乳糖胆盐肉汤（BGLB）内，然后手腕用力，摇一下试管就可以把培养基打散。

（6）在平板上应该选取典型菌落进行证实试验，初学者可以根据形态进行分类，然后以特征进行验证。

（7）稀释液可以用灭菌生理盐水或磷酸盐缓冲液，但磷酸盐缓冲液对细菌细胞有更好的保护作用，灵敏度更高。

（8）方法中检测时所提出的pH是指样品的有效酸度，即氢离子活度。随着pH的减小，样液的大肠菌群越来越少，且与pH呈正相关关系。尤其是pH在2.00左右时，可以完全抑制大肠菌群的生长。

（9）稀释至接种时间间隔越长，测出的大肠菌群越多，影响结果的准确性。从制备样品匀液到样品接种完毕，全过程不过15min。

（10）大肠菌群产气至少要在孵育14h之后才能见到。样品稀释匀液接种于乳酸胆碱发酵液需置于（45±1）℃恒温培养箱中培养（24±2）h，观察倒管内是否有气泡产生。对（24±2）h产气者进行复发酵试验，控制好培养时间，以防出现假阳性或假阴性的现象。

附录 A
（规范性附录）
培养基

A.1 乳糖胆盐发酵培养基

附表A.1 乳糖胆盐发酵培养基配方

蛋白脉	20.0g
猪胆盐	5.0g
乳糖	10.0g
0.004%溴甲酚紫水溶液	25.0mL
蒸馏水	1 000mL
pH	7.2 ~ 7.4

制法：将蛋白胨、猪胆盐及乳糖溶解于蒸馏水中，校正pH，加入溴甲酚紫水溶液，然后分装试管，每管9mL，并放入1支倒置的小套管，高压灭菌（115℃，15min）。

注意：为初发酵培养基。粪大肠菌群细菌发酵乳糖产酸产气使培养液由紫色变成黄色，套管内充有气体。

A.2 伊红美蓝琼脂培养基

附表A.2 伊红美蓝琼脂培养基配方

蛋白胨	10.0g
乳糖	10.0g
磷酸氢二钾（$K_2HPO_4 \cdot 3H_2O$）	2.0g
琼脂	20.0g
2%伊红Y水溶液	20.0mL
0.65%美蓝水溶液	10.0mL
蒸馏水	1 000mL
pH	7.2 ~ 7.4

制法：将蛋白胨、乳糖、磷酸氢二钾溶解于蒸馏水中，校正pH，投入琼脂并加热溶解，分装于三角瓶中，高压灭菌（115℃，15min）后备用。伊红和美蓝溶液分别高压灭菌（121℃，20min）。临用时加热熔化培养基，冷却至50～55℃，加入无菌的伊红和美蓝溶液，摇匀，倾注平板。

A.3 乳糖发酵培养基

附表A.3 乳糖发酵培养基配方

蛋白胨	20.0g
乳糖	10.0g
0.004%溴甲酚紫水溶液	25.0mL
蒸馏水	1 000mL
pH	7.2～7.4

制法：将蛋白胨及乳糖溶于水中，校正pH，加入指示剂，按检验要求分装（3～5mL），并放入1支倒置的小套管，高压灭菌（115℃，15min）。

附录 B
（规范性附录）
革兰氏染色液

B.1 结晶紫染色液

附表B.1 结晶紫染色液配方

甲液：结晶紫	2.0g
乙醇（95%）	20mL
乙液：草酸铵	0.8g
蒸馏水	80mL

制法：将结晶紫研细后，加入95%乙醇使之溶解，配成甲液。将草酸铵溶于蒸馏水中配成乙液与甲液与乙液混合，静置48h后使用。

B.2 鲁氏（Lugol's）碘液

附表B.2 鲁氏碘液配方

碘（I_2）	1.0g
碘化钾（KI）	2.0g
蒸馏水	300mL

制法：先将碘化钾溶解在少量蒸馏水（3 ~ 5mL）中，再将碘完全溶解在碘化钾溶液中，然后加入余下的蒸馏水。置于棕色瓶中可保存数月。

B.3 脱色液

95%的乙醇。

B.4 复染液

0.5%的番红水溶液：取2.5g番红花，溶于100mL无水乙醇中。取番红乙醇溶液20mL，加入80mL蒸馏水，即成0.5%番红水溶液。

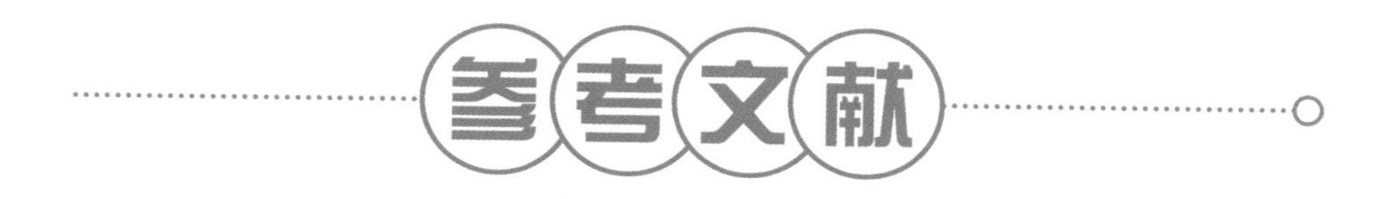

参考文献

常翔，王妙星，金文萍，等，2014. 有机肥料中有机质测定需注意的问题[J]. 现代农业科技(15): 262-263.

付聪丽，苗哲源，韩瑜，2017. 大量元素水溶肥中水不溶物的形成原因探讨[J]. 磷肥与复肥，32(8): 38-40.

季卫，陈保华，高飞，等，2010. 有机肥料中全磷全钾含量的快速测定[J]. 北京农业(10): 8-10.

季秀霞，顾凤妹，2010. 磷肥中有效磷含量的测定[J]. 河北化工(12): 55-56, 67.

李群，2017. 用重量法测定有效磷的质量分数大于5%的有机肥中有效磷的讨论[J]. 化工管理(20): 196-197.

林磊，刘文锋，2009. 测定有机-无机复混肥料有机质含量的注意事项[J]. 化肥工业，36(1): 66.

刘桂琼，2011. 有机-无机复混肥料中有机质含量测定的经验体会[J]. 凯里学院学报，29(3): 59-61.

刘善江，马良，王艳龙，2011. 有机肥料中重金属测定综述[J]. 中国农学通报，27(7): 16-21.

鲁洪娟，马友华，樊霆，等，2014. 有机肥中重金属特征及其控制技术研究进展[J]. 生态环境学报，23(12): 2022-2030.

鲁剑巍，曹卫东，2009. 肥料技术手册[M]. 北京：金盾出版社.

罗德涌，叶德宪，贺晓华，2008. 真空烘箱法测试肥料中游离水分的偏离分析及解决方法[J]. 磷肥与复肥(4): 32.

闵良，姚文华，徐国良，等. 全自动凯氏定氮仪测定复合肥料中的总氮含量[J]. 湖北农业科学，2012, 1(51): 175-177.

山添文雄，1983. 肥料分析方法详解[M]. 韩辰报，译. 北京：化学工业出版社.

沈月，蔡玮，2017. 复混肥料中氯离子含量测定的探讨[J]. 浙江农业科学，58(10): 1783-1784.

宋鹏，2018. 微生物技术在农业饲料与肥料中的应用[M]. 北京：中国水利水电出版社.

王伯通，张自翔，杨露，等，2014. 复混肥料中有效磷含量测定方法的改进[J]. 化肥工业(8): 11-13.

王剑飞，何婕，莫曾梅，2009. 复合肥料总氮消化的改进试验[J]. 现代农业科技(16): 255-256.

王蓉，杨淑婷，李娟，2016. 四苯硼酸钾重量法和火焰光度计法测定复混(合)肥中氧化钾含量比较[J]. 宁夏农林科技，57(12): 50-51, 62.

杨震，张九天，2017. 采用GB/T 8576—2010真空烘箱法则定复混肥料中游离水的不确定度评定[J]. 中国石油石化(1): 136-137.

赵丽芳，于晓菲，于军，等，2018. 有机肥料中有机质的测定及影响因素[J]. 石化技术(5): 31-33.

中华人民共和国国家质量监督检验检疫总局，2001. 中华人民共和国国家标准：GB 18382—

2001 肥料标识 内容和要求[S]. 北京: 中国标准出版社.
中华人民共和国国家质量监督检验检疫总局, 2009. 中国国家标准化管理委员会. 中华人民共和国国家标准: GB 15063—2009 复混肥料(复合肥料)[S]. 北京: 中国标准出版社.
中华人民共和国国家质量监督检验检疫总局, 中国国家标准化管理委员会, 2006. 中华人民共和国国家标准: GB 18877—2009 有机-无机复混肥料[S]. 北京. 中国标准出版社.
中华人民共和国农业部, 2010. 中华人民共和国农业行业标准: NY 1110—2010 水溶肥料汞、砷、镉、铅、铬的限量要求[S]. 北京: 中国农业出版社.
中华人民共和国农业部, 2010. 中华人民共和国农业行业标准: NY/T 1977—2010 水溶肥料 总氮、磷、钾含量的测定[S]. 北京: 中国农业出版社.
中华人民共和国农业部, 2010. 中华人民共和国农业行业标准: NY 1429—2010 水溶肥料氨基酸含量的测定[S]. 北京: 中国农业出版社.
中华人民共和国农业部, 2019. 中华人民共和国农业行业标准: NY 525—201 有机肥料[S]. 北京: 中国标准出版社.

图书在版编目（CIP）数据

实验分析技术图解．肥料 / 姚一萍，狄彩霞，李秀萍主编．—北京：中国农业出版社，2020.10
ISBN 978-7-109-27122-7

Ⅰ．①实… Ⅱ．①姚… ②狄… ③李… Ⅲ．①施肥试验－图解 Ⅳ．①S1-64

中国版本图书馆CIP数据核字（2020）第133801号

中国农业出版社出版
地址：北京市朝阳区麦子店街18号楼
邮编：100125
责任编辑：刁乾超　　文字编辑：黄璟冰
版式设计：王　怡　　责任校对：吴丽婷　　责任印制：王　宏
印刷：北京缤索印刷有限公司
版次：2020年10月第1版
印次：2020年10月北京第1次印刷
发行：新华书店北京发行所
开本：700mm × 1000mm　1/16
印张：6.5
字数：120千字
定价：58.00元